纸上魔方／编著

建筑里的数学秘密

图书在版编目（CIP）数据

数学王国奇遇记．建筑里的数学秘密 / 纸上魔方编著．—济南：山东人民出版社，2014.5（2022.1 重印）

ISBN 978-7-209-06295-4

Ⅰ．①数… Ⅱ．①纸… Ⅲ．①数学－儿童读物 Ⅳ．① O1-49

中国版本图书馆 CIP 数据核字 (2014) 第 028596 号

责任编辑：王　路

建筑里的数学秘密

纸上魔方　编著

山东出版传媒股份有限公司

山东人民出版社出版发行

社　址：济南市英雄山路 165 号　邮　编：250002

网　址：http:// www.sd-book.com.cn

推广部：（0531）82098025　82098029

新华书店经销

天津长荣云印刷科技有限公司印装

规　格　16 开（170mm×240mm）

印　张　8

字　数　120 千字

版　次　2014 年 5 月第 1 版

印　次　2022 年 1 月第 3 次

ISBN　978-7-209-06295-4

定　价　29.80 元

第一章　建筑物数学计算

第二章　建筑里的几何美

第三章　建筑风格里的数学

第四章　世界建筑之最

第一章

建筑物数学计算

透视学在建筑中的应用

小朋友们，你们听说过透视学吗？这是一门很奇怪的学科，它为什么奇怪呢？因为这门学科来自于建筑学，是建筑学上的一个重大发现，而这个发现又被引入了数学界。所谓透视学指的是各种空间表现的方法，狭义上的透视学是指从 14 世纪开始逐步确立的用于描绘物体、再现空间线性透视以及其他科学透视的一

种方法。而线性则是一个数学词汇，在数学上有线性代数这样一门学科，与透视学就有着极大的关联。

根据历史记载，透视学的鼻祖是佛罗伦萨人布鲁内莱斯基。他不仅发现了透视学原理，而且也是文艺复兴时期建筑的先驱之一，著名的佛罗伦萨大教堂的大圆顶就是他设计的，这在当时几乎被认为是一项无法完成的工程，然而布鲁内莱斯基却凭借着他丰富的数学知识和精密的计算，出色地完成了这个别人难以完成的任务。

在布鲁内莱斯基之前，许多艺术家们都试图采用各种手段来暗示画面中物体的距离感，但是在当时，还没有一套科学的方法能够总结出透视的规律。据说布鲁内莱斯基曾经画

过一幅画来展现他建立的透视体系，通过这幅画人们可以看到透过窗户所见到的林荫大道的真实情景，这种情景给人的感觉仿佛是真实的。不过遗憾的是他的这幅画已经遗失了，而他的透视原理则被他的朋友阿尔贝蒂继承了下来，在《绘画论》一书中，阿尔贝蒂完整地阐述了布鲁内莱斯基的透视学原理，给后世的艺术发展带来了巨大的影响。

布鲁内莱斯基认为，如果要让画面产生立体感，就需要利用光与影之间的巧妙关系，而这种光与影的计算本身是通过科学的计算得出来的。布鲁内莱斯基精通线性代

透视学不仅在建筑中得到了应用，在绘画中的应用也是相当广泛的。文艺复兴后，西方的绘画进入了一个更高更新的阶段，对景物有了更精致的描绘。著名的绘画珍品《沙特莱侯爵夫人》和《蒙娜丽莎》都是对透视学的最好运用，画面栩栩如生，仿佛人物将要从画里走出来一样。著名画家赫德画的一幅名为《窗帘》的画曾让他的绘画老师大吃一惊，他画的窗帘非常逼真，他的老师当时还将这幅画误认为是遮在画作上的幕布。

数，他通过计算得出了一套光与影设计的计算方法，也正是通过这种方法，透视学逐渐建立了起来。他又将这种理论应用到建筑学中，同样取得了巨大的成功。

在建筑科学已经高度发达的今天，人们仍然能从布鲁内莱斯基的透视学中受益，而透视学也成了建筑设计师们的必修课程。在他们看来，一位高明的建筑师如果不懂得线性代数，不懂得透视法的运用，那么他就只是一名建筑工人。

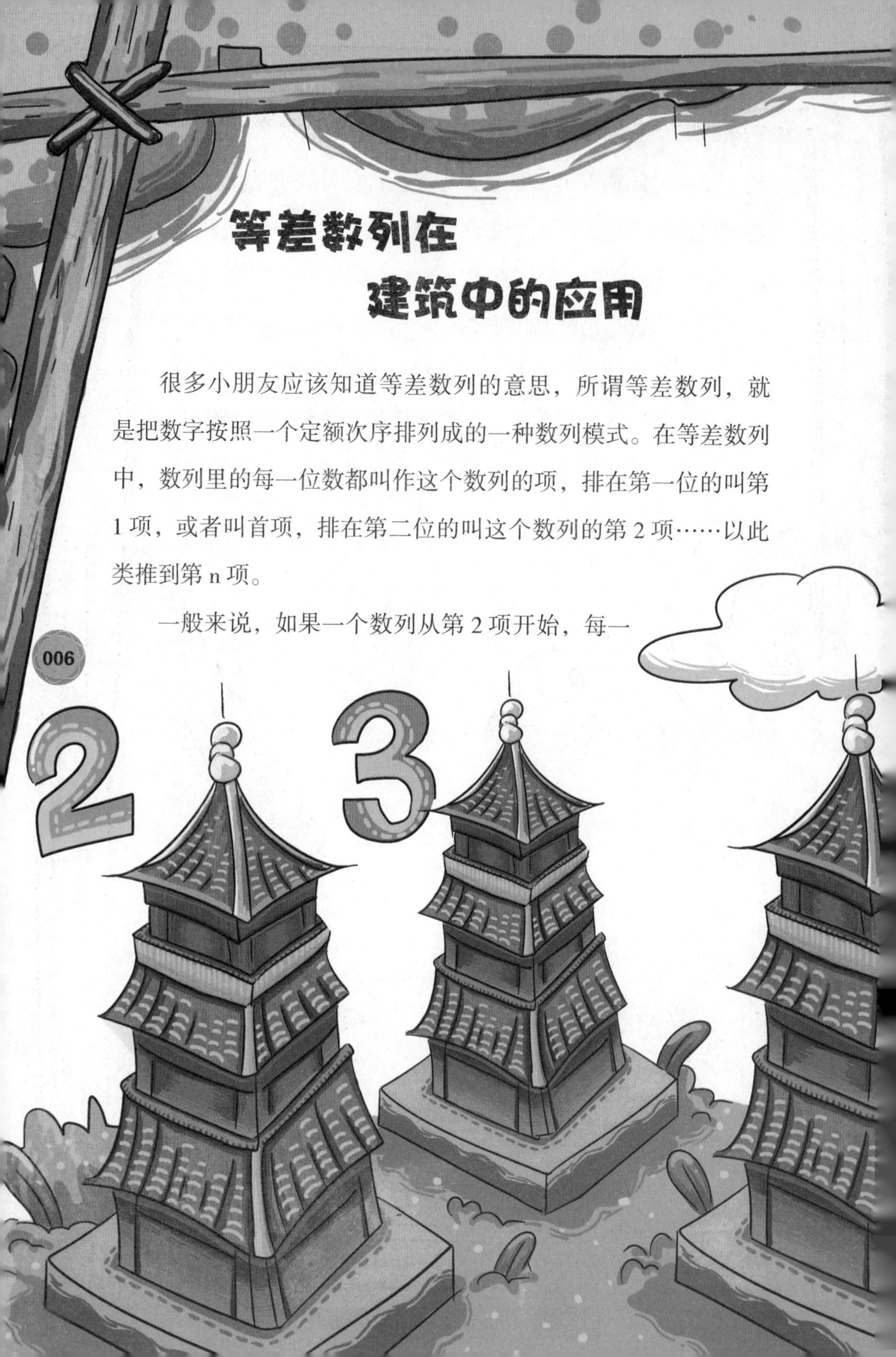

等差数列在建筑中的应用

很多小朋友应该知道等差数列的意思，所谓等差数列，就是把数字按照一个定额次序排列成的一种数列模式。在等差数列中，数列里的每一位数都叫作这个数列的项，排在第一位的叫第1项，或者叫首项，排在第二位的叫这个数列的第2项……以此类推到第n项。

一般来说，如果一个数列从第2项开始，每一

项与前一项的差都等于同一个常数，那么这个数列就被称作等差数列，这个常数被称作等差数列的公差。公差一般使用字母 d 表示，前 n 项的和用 Sn 来表示。建筑学中，等差数列也可以被运用到很多方面。

中国著名的宁夏一百零八塔就是根据等差数列的原理排列而成的。108 座塔排成 12 行，每行依次有 1、3、3、5、5、7、9、11、13、15、17、19 座塔，这都是一些奇数，而奥妙也正好隐藏在其中。通过计算，我们发现 1+3+5+7+9+11+13+15+17+19=100，但是一共要建造 108 座塔，就可以将剩下的 8 座拆分为

5+3，正好能进行奇数排列。因此我们发现，宁夏一百零八塔就是等差数列在建筑中运用的一个经典案例。

考古学家们在考察印加文明的时候，发现一些印第安人的村落排列得十分有趣。许多村落都是呈三角形排列的，如果从一个角开始数的话，那就是2、5、8、11、14、17、20……很明显的，这是一个以2为首项，以3为公差的等差数列，通过等差数列排列出来的村落十分整齐，而且三

角形的村落组合非常便于各家各户的交流，能够抵御更多的外来入侵，一旦村落里闯入了野兽或者遭到敌人的袭击，村子里就能迅速地组织起人力、物力进行抵抗。考古学家们还发现，许多通过等差数列进行排列的印第安村落在每家每户之间都安装了用绳子牵引的铃铛，一旦一户人家受到袭击，那么其他人家就会马上知道，并能及时进行救援。尽管将各家各户联系起来的方式有很多，但是利用等差数列的方式进行联系，却是最省力，也是最有效的办法，足见那个时候的印第安人已经懂得许多深刻的数学知识和计算了。

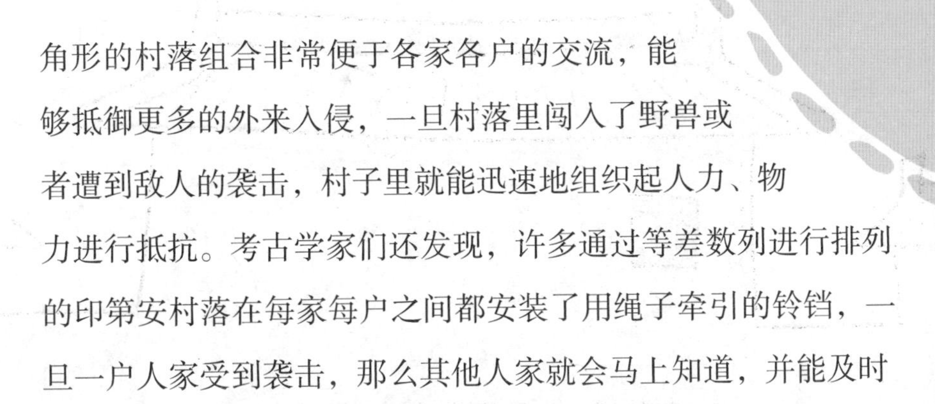

除了等差数列，等比数列在建筑中也会有所应用。不过等比数列在建筑中的应用非常复杂，基本上没有成功的案例。曾经有一位意大利艺术家想设计一个雕塑园，他以等比数列进行排列，以 4 为首项，5 为公比，结果修到第 3 排就没办法再修了，因为第三排需要 100 座雕塑，由于资金不足，这个建筑只好停掉了，看来这位艺术家并没有完全理解数列运用的本质。

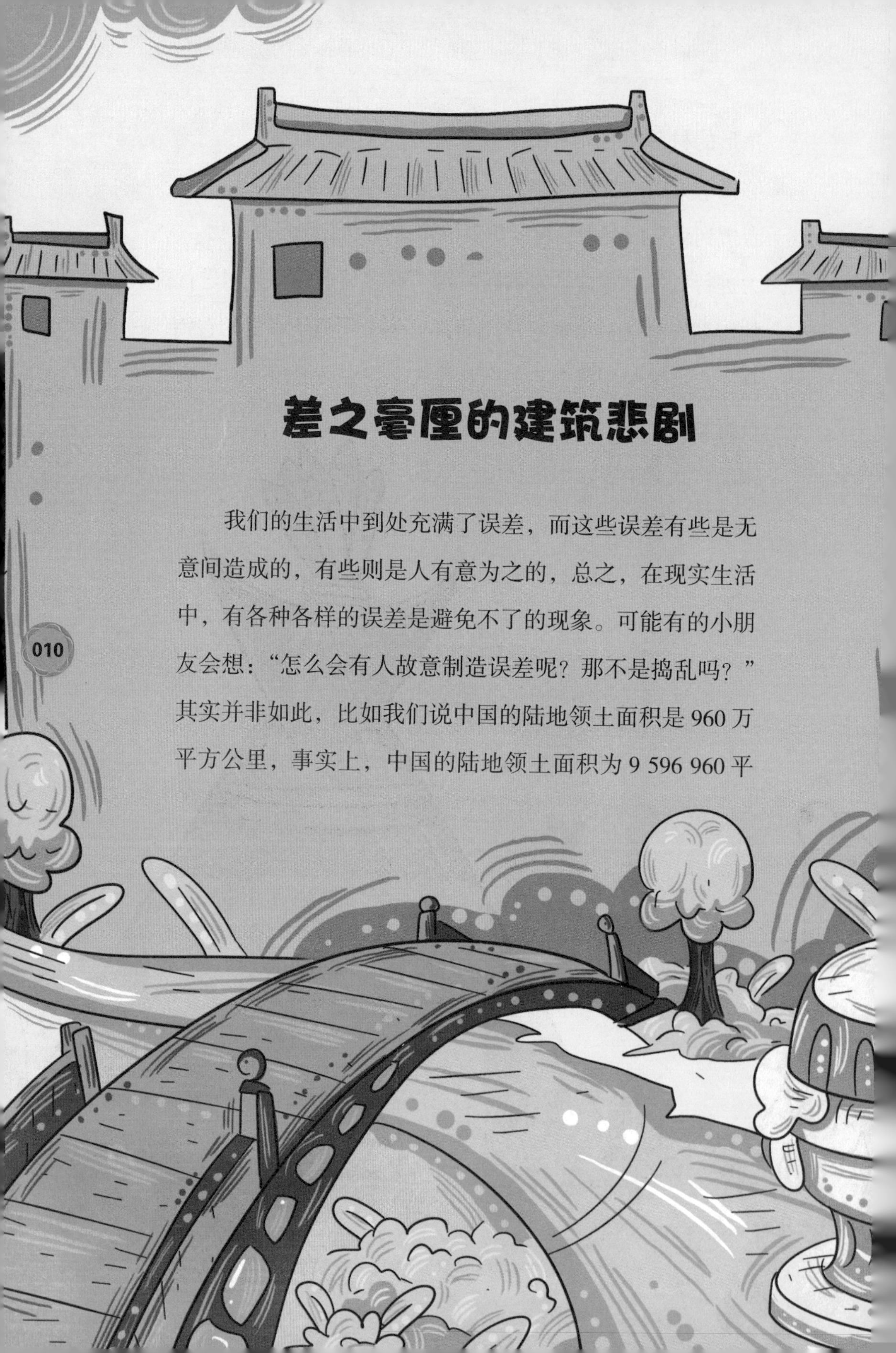

差之毫厘的建筑悲剧

我们的生活中到处充满了误差，而这些误差有些是无意间造成的，有些则是人有意为之的，总之，在现实生活中，有各种各样的误差是避免不了的现象。可能有的小朋友会想："怎么会有人故意制造误差呢？那不是捣乱吗？"其实并非如此，比如我们说中国的陆地领土面积是 960 万平方公里，事实上，中国的陆地领土面积为 9 596 960 平方公里，我们将其说成 960 万平方公里就是一种故意制造误差的行为，制造这种误差是为了方便记忆和运算。那么建筑学也有误差吗？当然有，现在就让我们看看建筑学中的误差是怎样的吧。

1976 年，美国的加利福尼亚州要建一座摩天大楼，这座摩天大楼高 621 米，一共 104 层。在设计初期，建筑师们都进行了精

密的计算，确定了修建这栋建筑的具体办法。然而，在施工过程中，建筑师们发现，由于建筑工人操作失误，将大楼东边的地基往下降低了 1.2 米，当时这座摩天大楼已经盖到了 67 层。建筑师们将这个情况反映给了建筑公司，要求拆掉重建，而建筑公司则认为这纯粹是小题大做，不过是矮了 1.2 米的地基，可以使用砖石重新垫起来，没有必要重建，所以他们并没有拆掉摩天大楼。

建筑师一直据理力争，但最终没有得到建筑公司的同意，工程也一直在进行。当大楼盖到 90 层的时候，问题出现了。在一个晴朗的下午，

尚未完工的大楼忽然猛烈震动了一下并向东倾斜。尽管当时没有任何人受伤或死亡，但是原先一直被认为坚固无比的建筑就这样垮了，建筑公司大为惊恐，客户方看到这种情况立刻表示拒绝付款，这家建筑公司几乎因此而倒闭，大楼最终被拆毁重建。由此可见，在建筑学中，一个小小的误差所带来的后果是多么可怕！

小朋友们，你们可千万不要认为误差只不过是那么一点点的差距，差之毫厘，谬以千里啊！对于建筑设计者来说，误差带来的损失是非常可怕的。

房间怎样才能向阳呢？

小朋友们，你们家住几楼，有阳台吗？每天都能受到阳光的照射吗？如果可以，小朋友们应当每天晒一个小时的太阳，这对小朋友们的健康成长是非常有益的。

那么，怎么计算房屋的向阳角度呢？我们一般用日照间距来计算，它指的是前后两排南向的楼房之间，能够保证后排楼房在冬至日时，一楼能够获得不低于两个小时的满窗日照而保持的最小楼间距。那么这个日照间距是怎么计算的呢？日照间距的计算公式是：$D=(H-H_1)/\tanh$。其中

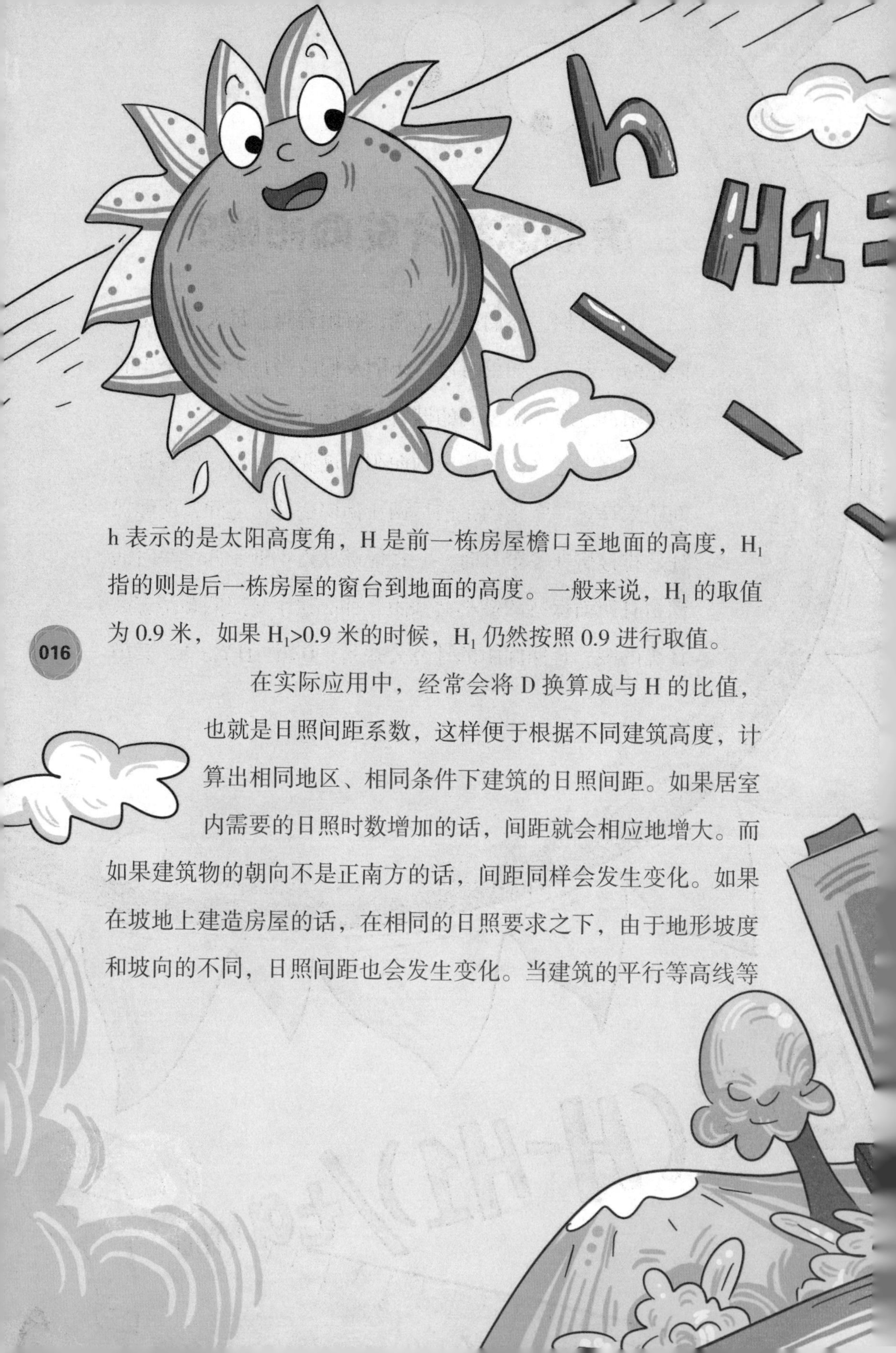

h 表示的是太阳高度角，H 是前一栋房屋檐口至地面的高度，H_1 指的则是后一栋房屋的窗台到地面的高度。一般来说，H_1 的取值为 0.9 米，如果 $H_1>0.9$ 米的时候，H_1 仍然按照 0.9 进行取值。

在实际应用中，经常会将 D 换算成与 H 的比值，也就是日照间距系数，这样便于根据不同建筑高度，计算出相同地区、相同条件下建筑的日照间距。如果居室内需要的日照时数增加的话，间距就会相应地增大。而如果建筑物的朝向不是正南方的话，间距同样会发生变化。如果在坡地上建造房屋的话，在相同的日照要求之下，由于地形坡度和坡向的不同，日照间距也会发生变化。当建筑的平行等高线等位分布的时候，在向阳坡地上，坡度越陡，日照间距就越小，与之相反，则日照间距就越大。为了争取到更多的日照时间，同时又想减少建筑间距的话，那就要将建筑斜交，或者让其与等高线的分布互相垂直。

中国一些城市的地方法律和法规对光线与地面所成的角度和受照射墙面的夹角都有一定的规定，所以，对于不同方位和朝向的建筑的日照间距计算会比较麻烦。而且由于各个地方较多点式

和条式住宅混合，在日照角度或日照间距的计算上会出现比较大的误差，所以在房屋的设计上，如果不采用等高线和统一的建筑分布，那么，无论是在计算，还是在接收阳光的程度上，都会大打折扣。

我们经常用阳光灿烂来形容一个人性格开朗，而真正喜欢阳光的人，才真正是阳光灿烂的人。小朋友们，如果你们的爸爸妈妈要买新房子，可以提醒一下他们，一定要买阳光能够照射到的房子哟。

长跑的房子

房子会走路？小朋友们听了一定会认为这是童话故事吧！其实不然，这个世界上还真的有会走路的房子。当然，房车是人类设计的其中一种会走路的房子，但是房车在主要性能上，还是属于汽车的范畴，它能够给人们提供的居住空间和条件都是非常有限的。2012 年夏天，北京遭遇了暴雨袭击，很多人家的房子都被水淹了，许多人在网上说：“要是有一栋会走路的房子该多好呀！”

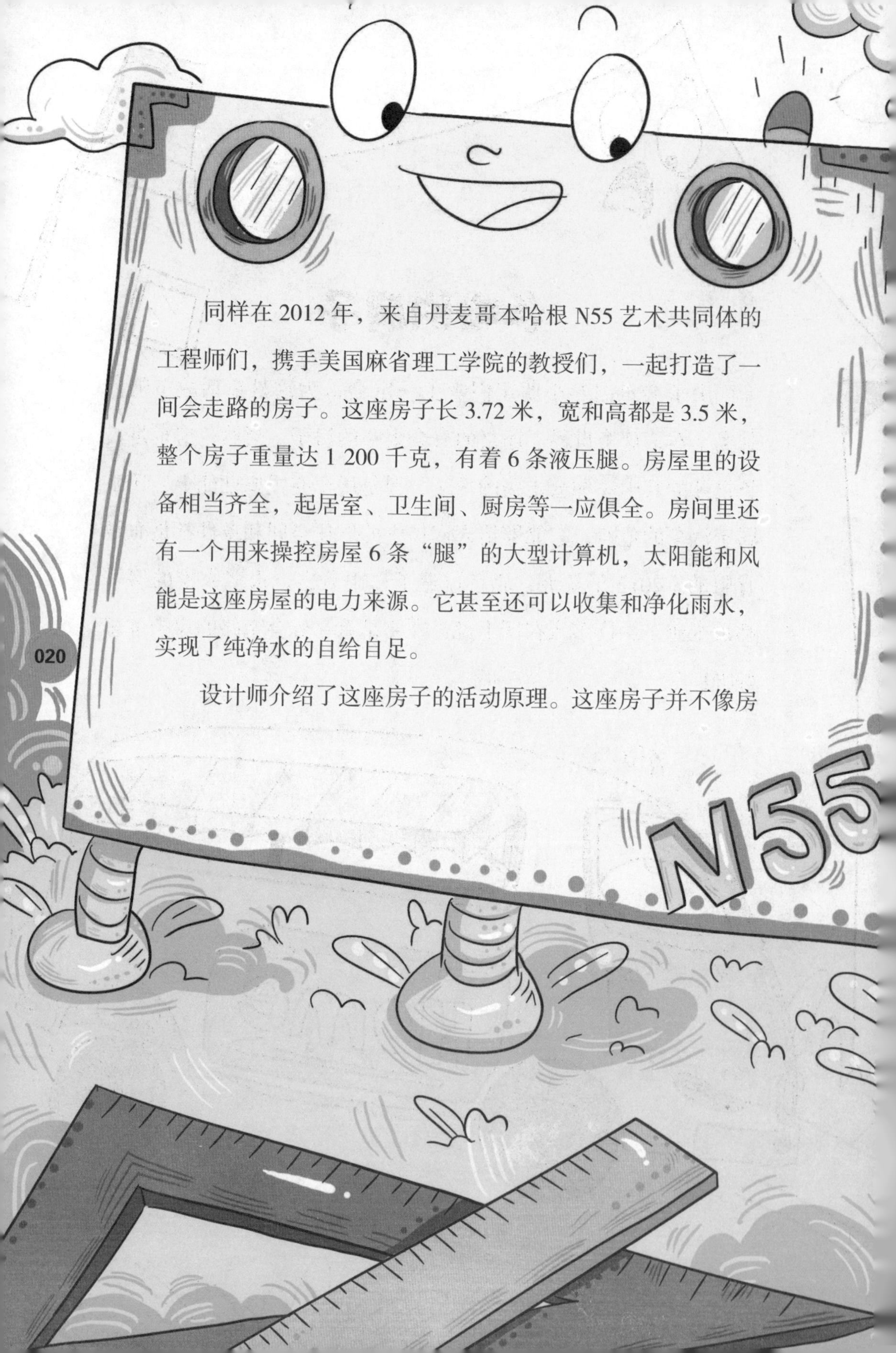

同样在 2012 年，来自丹麦哥本哈根 N55 艺术共同体的工程师们，携手美国麻省理工学院的教授们，一起打造了一间会走路的房子。这座房子长 3.72 米，宽和高都是 3.5 米，整个房子重量达 1 200 千克，有着 6 条液压腿。房屋里的设备相当齐全，起居室、卫生间、厨房等一应俱全。房间里还有一个用来操控房屋 6 条“腿”的大型计算机，太阳能和风能是这座房屋的电力来源。它甚至还可以收集和净化雨水，实现了纯净水的自给自足。

设计师介绍了这座房子的活动原理。这座房子并不像房

车那样借助轮子移动，该房子的六条腿都是经过精密计算后才安装的液压腿。为了保持房屋在移动过程中的平衡，还采用了摇篮的设计原理，结合线性代数里保持平衡的方法，这样整个房屋在移动过程中就更加平稳安全了。设计师们对这座建筑充满了自信，他们认为居住在里面，基本上不用担心会出什么问题，如果遇到水灾或者泥石流，大可连人带屋一起“逃之夭夭”。

这座会走路的房子最多能够容纳 4 个人居住，不过它可以根据居住人员的多少，来改变房屋面积。这座房屋移动的速度并不快，差不多每分钟移动一米，如果你希望它像变形金刚一样能够在眨眼间从一个地方转移到另一个地方，或者在大街上狂奔都

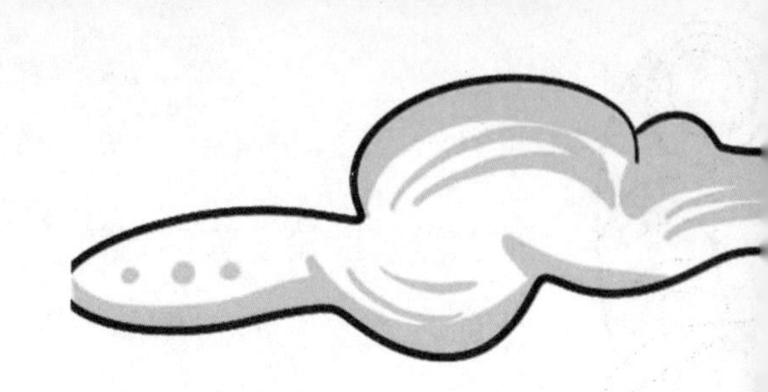

是不可能的。不过据设计师说，要让房子跑得快也并非不可能，需要在数学以及物理学上做更多的探讨和研究。他认为在有生之年，一定能够造出一座跑得像火车一样快的房子。

除了会走路的房子，这个世界上还有会跳舞的房子，这是由美国加州大学建筑学院的几位教授设计的。这座房子的下方设有弹跳的机械，能使其做出舞蹈动作，它甚至能够跳出舞王迈克尔·杰克逊的“太空步”。住在房子里的人会感觉到房子有轻微的摇晃，但是绝对不会感觉到不舒服。科学家们认为，这座房子对住在里面的人的睡眠质量会有很大的帮助。

房屋的面积有多大？

小朋友们，我们经常会听到“这个房子的面积是多少平方米”的说法，那么，你们知道房子的面积是怎么计算的吗？今天就让我们来学习一下吧。

一般永久性结构的单层建筑，不管高低如何，建筑面积都是按照外墙所包围的范围进行计算的。如果有的地方没有外墙，则要按照房屋的常用范围进行计算。

一般楼层高度都是按层来分类的，2.8 米为自然层。但是如果建筑物内部有阁楼或夹层的话，就要按照具体情况重新测量。在原有建筑基础上新建的建筑，要按照新建筑的占地面积进行计算。

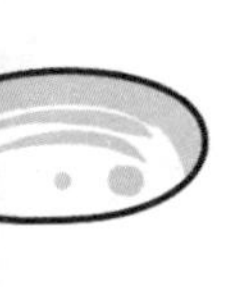

地下室和半地下室的计算必须包括入口、出口通道以及墙洞的面积。

楼梯间、电梯井、提物井等要按照自然层的高度进行计算；如果是在坡地上利用脚架做架空层的建筑，并且有围栏结构的，要按照最低地面以上2.2米的外围水平面积进行计算；用于做深基础的地下架空层，一般按照高度在2.2米以上架空层外围的水平面进行计算；符合技术规范的门厅、大厅的回廊部分，可按其水平投影面积来计算；建在天台上的属于“人”字形或斜面结构的永久性建筑物，可按其高度在2.2米以上的部位计算。

车站、码头等有钢筋混凝土柱或砖柱的，和属于永久性建筑物的车棚、货棚、站台等必须按照柱子的外围来计算建筑面积；站台面积则是按顶盖水平投影面积的一半进行计算，并按投影的

全面积来计算建基面积和用地面积。

与建筑物连接的有柱雨篷按柱子外围水平面积计算建筑面积；独立柱雨篷按其顶盖水平投影面积的一半计算建筑面积。

架空的通廊地面部分若有围护结构，要计算建筑面积、建基面积和用地面积。

上述所说的几种方法，就是最常见的计算建筑面积的方法，再利用面积的计算公式，我们不妨算一算，我们住的房子是多少平方米吧！

完美建筑里的数学原理

建筑的设计都要考虑到环境带来的影响。如果单纯只是从建筑本身考虑，那就很可能让建筑显得格格不入。曾经有人说过：“建筑不能仅仅是人居住的房子，如果只是考虑了建筑自身的美观，那么最终出现的只是一个突兀的造型。”

想要避免这种情况的出现，就要通过精确的计算，让建筑与自然环境更加协调。尽管很多人觉得数学是枯燥乏味的，但是他们却不知道那些优美而富有诗意的建筑里，往往都包含着深刻的数学原理。

建筑如果以数学的方式进行表现，就能融入自然，达到诗歌一般的境界。比如，庄严大气的帕特农神庙、浪漫唯美的埃菲尔铁塔、飘逸自然的悉尼歌剧院和清远优雅的徽派建筑等。

帕特农神庙的构造不仅采用了黄金分割等数学原理，还通过精密测量将标准尺寸的柱子切割成精确规格的柱子等方法，向人们展现了优雅的古希腊建筑。埃皮达鲁斯古剧场的设计则利用了几何的精确性，让整个建筑都呈现出一种韵律美，并通过精心设计，使音响效果也得

到了很好地发挥，让观众在视听范围内都能享受最好的表演。

著名的哲学家、数学家罗素曾说："数学，如果正确地看它，不但拥有真理，而且具有至高的美，是一种冷而严格的美，这种美不是投合我们天性微弱的方面……它可以纯净到崇高的地步……"的确，抽象的数学与现实的建筑融合在一起，形成了一种完美的组合，二者相互渗透，交相呼应，让人如痴如醉。

小朋友们，现在你们明白这看似枯燥无味的数学究竟有多重要的意义了吧！你们正处在接受知识、学习知识的最好时期，只有认真学习，才能体会到更多更好的建筑美。

哪些是对称建筑？

小朋友们，看着各种各样的房子和建筑，你们脑袋中是否偶尔会有灵光一闪而过，想道：“这个建筑好对称呀！”事实上，在建筑中，对称是被运用得最多的几何特性之一。

在世界著名建筑中，很多都应用了对称的原理。比如，中国故宫的天安门、天坛、太和殿，法国的凯旋门和印度的泰姬陵，

都非常讲究对称性。著名的建筑学大师贝聿铭曾经说过：“对于建筑学而言，对称只是一种表达方式，这种表达方式凸现出来的是对建筑外观及特殊含义的重视。”

的确如此，尽管对称的原理说起来很简单，但是在实际运用中显示出来的特征却是非常多样的。比如，天安门通过在色调以及建筑样式上的对称设计体现出了封建皇权的尊严和高贵，显示了泱泱大国的王者风范。天坛作为祭天、祈谷的场所，必须表现出一种特有的庄重和威严，

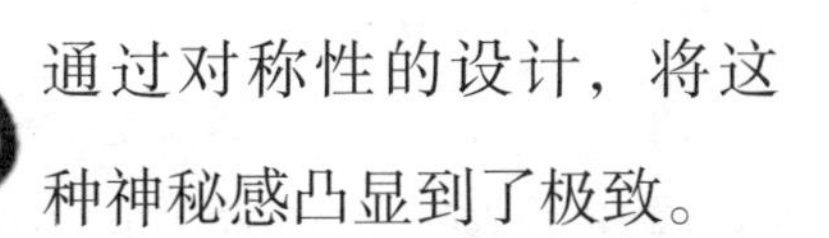

通过对称性的设计，将这种神秘感凸显到了极致。

其实不用说那些著名的建筑，即便是普通的民居也很注重对称的应用。比如，民居的墙壁，一般都会采用对称设计，这样做既保证了墙壁的坚固牢靠，也呈现了整齐的建筑美。

对称包括轴对称和点对称两种。轴对称在建筑学中的体现自然不用说，而点对称则更多地应用在建筑的选址和设计上。中国古代建筑讲究建筑的文化性，其中依据“九宫”“八卦”“五行”进行建筑设计的情况不胜枚举。在《红楼梦》中，大观园的设计便有了“如同迷宫似的，走进去就如同进了八卦阵，教人分不清左右，分明是到了东跨院，而一转念，似乎又是西跨院的景致”的精妙之处，这便是充分利用了点对称的数学原理，将建筑设计成人为的迷宫形状。

许多建筑学家认为，对称的概念其实是一种重复，通过对同样设计的重

复，给人以层次感，这个说法也得到了数学家们的赞同。总而言之，对称本身就具有数学性，如果只是一味地追求与众不同，那么建筑就会变成一种“怪胎”。

数学在建筑学中的运用比比皆是，小朋友们不妨多看多想，很可能会发现更多的对称现象。

拥有黄金比例的建筑

我们评判一座建筑是否漂亮，首先就是从建筑的外形上进行判断，随着建筑史的不断发展，建筑美学也跟着发展起来。评判一座建筑的美学价值，首先要看这座建筑的外形比例，很多美学家认为，建筑的外形比例或许就是建筑美学的基础。在已有的比例模型中，最为出名的建筑比例就是黄金比例了。

所谓的黄金比例指的是事物的各个部分之间具有一定的数学比例关系，如果将一个整体一分为二，较小部分与较大部分之比等于较大部分与整体之比，约为 0.618，即较小部分为较大部分的 0.618 倍，较大部分也为整体的 0.618 倍。黄金比例是公认的最具审美价值的比例，也是最能引起人们产生审美共鸣的比例，这个比例的分割点也被称作黄金分割点。

古希腊的建筑师们早就已经把黄金比例运用到建筑实践中了，他们早就知道，黄金分割的结构能够让建筑物比例更加协调和美观。著名的帕特农神庙就是利用黄金比例修建的建筑之一。整个大殿都是由大理石砌成的，建筑长 70 米，宽 31 米，殿内整齐的圆柱形石柱高约 10.5 米，它被世界公认为现存古代建筑中最具有美感的伟大建筑之一。

曾经在很长的一段时间内，黄金比例被看成是西方建筑美学的出发点和审视点。比如著名的埃菲尔铁塔同样是按照黄金比例修建的。

黄金比例在建筑学中的运用，将建筑美学推向了更高的层面，除了外观上的优美，建筑工程师们还发现，运用黄金比例修建的建筑在结构上也更加稳定。人们对建筑学的探索是无止境的，只有这样，我们才能拥有更多更美的建筑。

第二章

建筑里的几何美

各种形状的建筑

小朋友们，你们可能已经在爸爸妈妈的陪同下参观过一些世界闻名的建筑了，至少也见过一些著名建筑的图片。你们是不是已经注意到那些建筑上面各种美丽的图案了呢？那些图案有的是星形的，有的是多边形的，都非常美丽，那你知道这些图形中也包含着深刻的数学原理吗？现在就让我们一起来探究一下这些美丽的图形吧。

在中世纪时期的许多伊斯兰建筑中，很多建筑的外墙上都有星形或者多边形的图案。曾经有研究人员认为，中世纪的建筑师们都是用直尺和圆规来完成这些图案的。哈佛大学的彼得·卢和

普林斯顿大学的保罗·施泰因哈特曾撰文称：其实早在13世纪的时候，建筑师们就已经开始使用多边形的砖来制作图案了。

美国著名的《科学》杂志的出版商——科学促进会也支持彼得·卢和保罗·施泰因哈特的观点，他们认为当时的伊斯兰建筑师们已经在数学设计上取得了重大成就，可以通过已有图案创造出不同的图案。这些图案大多是由十边形、五边形或三角形等多边形组成的，每一种图案都代表了一种独特的设计，并通过计算，让这种图

案得到了很好的运用。这种图案设计的数学理念，到了 20 世纪 70 年代，才被英国著名的数学家罗杰·彭罗斯提出来。

还有一种图案也是值得注意的，那就是十七边形图案。在德国的哥廷根大学，有一个用十七棱柱作为底座的高大塑像，塑像本人是著名数学家高斯，这个由十七棱柱作为底座的塑像是为了纪念高斯发现十七边形的设计方法而修建的。1796 年，高斯才 19 岁，那时他在哥廷根大学读书，导师给他布置了几道数学题，

其中一道题就涉及多边形作图，这位天才数学家只用了一个晚上就解开了一个困扰许多伟大数学家两千多年的历史难题。要知道，在高斯提出十七边形的作图方法之前，所有数学家对使用直尺和圆规制作十七边形都束手无策，如果不是因为高斯对数学的热爱和拥有过人的天分，人类可能要在很多年以后才能掌握十七边形的作图方法。

十七边形在西方建筑中也得到了广泛的运用，作为一种装饰图案，十七边形有着特殊的美感，因此备受建筑学家们的青睐。

根据高斯的理论，人们对多边形的画法有了更深刻的研究。让西方建筑学家们引以为豪的是，在他们的建筑中，连那些只是用来装饰的图案都有着深刻的数学思想。

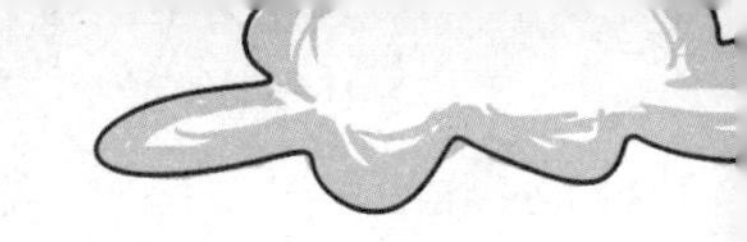

奇特的三角形建筑

在世界的著名建筑中，有很多建筑都采用了三角形建筑结构，小朋友们知道这是为什么吗？其实道理很简单的，数学老师也一定给大家讲过，三角形是最稳固的图形结构，对于很多建筑学家来说，利用好三角形的稳定性就是一种成功。

大家都知道，超高建筑的稳固性是非常重要的，如果建筑的基座不稳固，即使建筑再漂亮也是徒劳。很多建筑都会使用三角

形钢架结构。在许多跨度比较大的建筑空间里，三角形的使用也是非常广泛的，比如飞机场的航站楼，火车站以及大型工厂的车间等都需要使用空间网架结构，也就是所谓的空间三角形。

那么有哪些著名建筑使用了空间三角形呢？比如台北 101 大楼，这是中国台湾最高的建筑，在迪拜塔建成以前，它还是世界

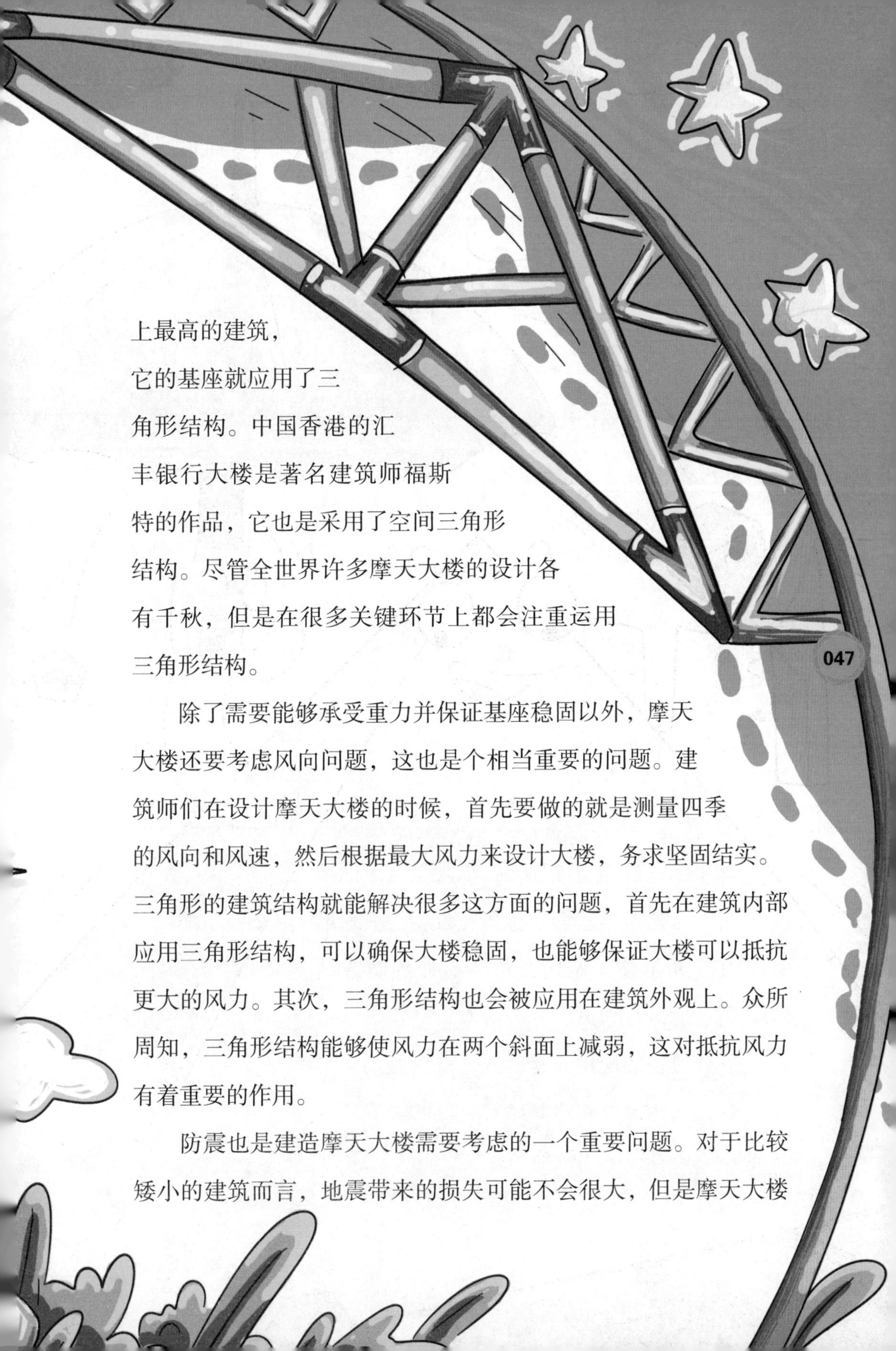

上最高的建筑，它的基座就应用了三角形结构。中国香港的汇丰银行大楼是著名建筑师福斯特的作品，它也是采用了空间三角形结构。尽管全世界许多摩天大楼的设计各有千秋，但是在很多关键环节上都会注重运用三角形结构。

除了需要能够承受重力并保证基座稳固以外，摩天大楼还要考虑风向问题，这也是个相当重要的问题。建筑师们在设计摩天大楼的时候，首先要做的就是测量四季的风向和风速，然后根据最大风力来设计大楼，务求坚固结实。三角形的建筑结构就能解决很多这方面的问题，首先在建筑内部应用三角形结构，可以确保大楼稳固，也能够保证大楼可以抵抗更大的风力。其次，三角形结构也会被应用在建筑外观上。众所周知，三角形结构能够使风力在两个斜面上减弱，这对抵抗风力有着重要的作用。

防震也是建造摩天大楼需要考虑的一个重要问题。对于比较矮小的建筑而言，地震带来的损失可能不会很大，但是摩天大楼

如果因地震而遭受损伤，那就是巨大的损失了。建筑学家们经过研究发现，三角形和多角形建筑结构是最为有效的防震结构，所以在地震多发的日本，三角形结构在建筑中的应用非常普遍。许多处在地震带上的国家，在建立摩天大楼的时候，也会率先考虑采用三角形结构。

超强承重的拱形建筑

一枚鸡蛋能够承受多大的重量呢？小朋友们可能会想，鸡蛋多么脆弱呀，一摔就碎了，但是小朋友们知道吗？如果将鸡蛋放在固定的模具里，只露出其中一部分，这样鸡蛋就会变得非常耐压，尽管“压力山大”，但是鸡蛋依旧能够保持完整。在杂技表演中也会有人利用鸡蛋进行压力表演，他们让一个鸡蛋承受了数百斤的压力。其实，这都是利用了鸡蛋的拱形结构，这是一种有着超强承载能力的结构，这种结构也经常在建筑中使用。从数学上来说，这是一种常见的曲面和抛物线模型的结构。

拱形结构的应用在建筑学中有着重要的意义。这种结构也叫作推力结构，其特点就在于将受到的压力分解成向下的压力和向外的推力，在所有的几何结构中，拱形结构是唯一能够产生外推力的一种结构。所以，对拱形结构的研究也就显得有趣而有挑战性了。

我们都知道，拱形在受到压力的时候会将力分散传递给向下和向外的邻近部分，只要这个结构质地均匀，分散传递的力量也会非常均匀，这对维持结构的稳定性有着重要的意义。如果能够顶住拱形结构的外推力，那样它能够承受的压力强度就会更大，在水平反作用力的情况下，拱形结构就成了一个能够独立支撑的空间几何模型。

早在 1 400 多年前，中国人就已经掌握了这种拱形结构的特性。著名的赵州桥就是一座拱形桥，这座桥的设计十分合理，能够承受巨大的压力，以至于在经历了一千多年的风吹雨打后，依旧稳固如昔。中外很多建筑学家都认为，赵州桥的结构已经采用了最科学的设计方式，甚至到现在，人们都难以通过单纯的人力再设计出一座与之一模一样的桥。

在欧洲建筑和伊斯兰建筑中，拱形结构的设计也是很常见的，特别是在伊斯兰建筑中，设计拱形结构的屋顶已经成为一种常态。欧洲在哥特式建筑之后也逐渐开始采用拱形结构作为建造屋顶的一种方式，著名的圣保罗大教堂的屋顶就是采用的拱形结构，尽管历经300多年的风雨，但是教堂依旧岿然不动，完好无损。

拱形结构在建筑中经常会被使用到，除了有较强的抗压能力之外，还有就是这种设计美观大方。但是，拱形结构不仅仅是有“拱”的样子就够了，还需要在压力分担上能够有“拱”的作用。20世纪90年代的中国深圳曾经想设计一座拱形建筑，请来了一位所谓的“专家”进行设计。这位“专家”设计的“拱”形建筑完全不能分解压力，结果才过了半个月，该建筑就塌了，压死了6个人，该“专家”得知消息后马上逃之夭夭。不懂得“拱”形结构内涵的“专家”是靠不住的。

楼房里的图形

小朋友们，看看你们自己家的房子，就会发现房子的门是长方形的；窗子是长方形或者正方形的；屋顶的形状从正面看可能是三角形的，也可能是等边梯形的；柱子是圆柱体或者长方体的；还有一些建筑的拱形顶部则是圆锥体的。

小朋友们，在一栋楼房中，你们能够找到多少种图形呢？你们又是否知道，建筑中为什么会有这些图形呢？

我们先来说说门的设计。一般情况下，门都是长方形的，无论是单扇

门还是双扇门，大多都是这种形状的。但是阿拉伯风格建筑中的一些门，下半部分为长方形，而上半部分是半圆形。小朋友们，你们知道为什么要设计成这样吗？其实道理很简单，门是供人们进出用的，把门设计成圆形或者三角形固然好看，但是人们进出的时候就会很不方便。只有长方形的门最适合人们的进出活动，而且这种设计比较工整，便于取材。我们想想，用木头制作一扇长方形的门，只需要将笔直的木头做成门板就可以了；而要设计一道圆形的门，则需要做更多的工作。所以，

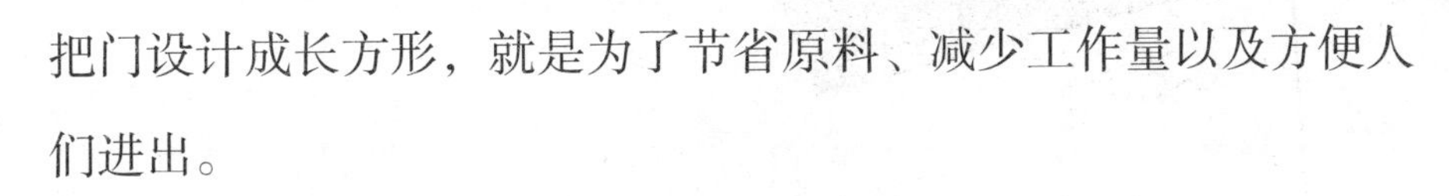

把门设计成长方形，就是为了节省原料、减少工作量以及方便人们进出。

窗子的设计可以是多样的，有的是圆形，有的是长方形或者正方形，但是一般都是长方形或者正方形的，这样也是为了制作方便。再者，在墙壁上凿窗洞的时候，长方形窗洞的受力点比较均匀，易于把握，而圆形以及其他形状的窗洞受力点

不均匀，很可能会损坏墙壁，这也是设计者们考量的一个因素。

墙壁一般是长方形或者正方形的。大家想想，为什么它不是三角形，或者干脆是一个曲面呢？如果设计成曲面，从外观上看，房子就像一根大柱子。这种设计也是有的，但是这种设计实施起来费时费力，不如直接将墙壁设计为长方形或者正方形，这样在盖房子的时候就会省很多力气和时间。

我们再看看那些圆柱体或者长方体的柱子。我们都知道柱子的作用就是支撑房子，这就需要柱子受力均匀。如果柱子是三棱锥或者圆锥体的，那不仅占地方，而且受力也不均匀。

小朋友们，虽然你们可以在楼房中找到各种各样的形状，但是为什么楼房会有这些形状呢？这就需要你们开动脑筋，好好思考一下了。

四四方方的建筑

“方”是一个中国字，这个字的意思很多。看到这个字，我们首先想到的是方方正正，它可以是一种人生态度，更可以是其他具有更多数学意义的东西。比如建筑学上的“方”就是一个很值得考究的东西。

中国古代有“天圆地方”的说法。古时候，人们认为，天是

圆形的，而大地则是正方形的，这种思想影响了一代又一代的中国人，并且在建筑学上有着很好的体现。经过历史学家考证发现，中国历史上出现的各种建筑大多是方形的，而圆形或者其他形状的建筑非常少，即使在地理位置上有很大的差异和不便，人们也要将建筑造成方形。

为什么中国古人都要把建筑造成方形呢？这就跟“天圆地方”的思想有着很大的关系了。古人认为人要追求与天地四方的和谐，所以在住所上也应该模仿地的“方”。而且，这里的“方”也不仅仅指方方正正，也指方位。古人认为建筑的方位会影响一家人的繁衍、财运、权力和寿命，因此在方位的选择上也特别讲究，传统认为一共有东、西、南、北四个方位，每一个方位都代

表着不同的含义。

不仅如此，人们认为房屋建筑的形状跟主人的品格也有着必然的联系。房屋建筑得方方正正，意味着屋主是个正直的人，如果房屋是其他形状，就会被认为是狡猾、卑劣或者是没有文化的人。

近代以来，一些建筑学家认为，建筑学上的“方”还有着其他的含义，比如房屋、门框、桌椅的“方”是为了制造的方便。中国古代建筑学中使用的水平尺、墨斗等工具，就是为了保证建筑物“直而方”。也正是因为这些建筑工具的发明，中国建筑才有了特别的气质。“方”也是为了使用的方便，比如方形的建筑能够很好地排列，方形的墙壁上可以随意装饰等。如今的建筑学家们经常感慨中国古代建筑文化的博大精深，这其中就有着对“方”的深刻认同和赞赏。

从古到今，建筑学一直在不断发展，许多几何学中的名词和概念已经深刻地烙印在了建筑学的发展历程中，中国的“方”就是其中一个典型

的例子，这个“方”不仅超越了简单的应用含义，也已经成为一种文化的标志。

圆形建筑模式

在我们的生活中有很多建筑物是圆形的，有的是圆柱形的，有的是球形的。那么，小朋友们知不知道为什么要将这些建筑设计成这种形状呢？有的小朋友可能会说：“不就是为了好看吗？”不错，圆形建筑的确美观，但是不仅如此。

曾经有人做过一个实验：取半个鸡蛋壳，让鸡蛋壳的凸面朝上放在桌子上，让一根长 8 厘米的钉子在距离蛋壳顶部 15 厘米的地方垂直落下，结果蛋壳完好无损，如果将蛋壳翻过来，凹面向上，仍然用这个钉子在同样的地方落下，蛋壳就会被钉子穿破。

这是一个很简单的实验，这其中的原理就在于，蛋壳形状能形成一种很强的抗压性，因此物体能够承受很大的压力。蛋壳弯曲的外形能够通过均匀传递的方式，将受到的外力传递和分散到临近受力点的各个部位去，从而保证了蛋壳本身的坚固性。同理，所有的圆形物质都具有强大的抵抗外力的功能，所以在设计建筑的时候，采用圆形设计是出于加强房屋坚固程度的考虑。

圆形建筑在外形上会给人别具一格的视觉享受，这是没有异议的。不仅如此，建筑工程师们还发现，圆形的建筑物有利于减小风的阻力，从而减小风对高层建筑的影响。所以一般盖得比较高的房子都会采取圆形建筑模式。这就跟鲸鱼椭圆形的头部能够减小水的阻力是一个道理，圆形的建筑能够将风力分散开，对建筑本身的安全起到了很重要的作用。

圆形建筑还有一个特征就

是传热和放热速度比较慢，因此大多数保温杯是圆形的。猫科动物在天冷的时候喜欢将自己蜷缩成球形，这也是保温效应的应用。住在圆形的大楼里要比住在方形的大楼里更暖和，因此也可以减少空调的使用，这有利于保护环境。

建筑工程师们还发现，圆形建筑的地基要更加稳固。就这个问题，我们可以做一个简单的实验，将底面积接近的圆柱体和长方体放置在桌面上，然后用手推倒这两个物体，我们会发现，推倒圆柱体使用的力气要比推倒长方体使用的力气大很多。所以圆形的地基就会更加稳固。

建筑中的几何美

建筑中的几何美在很多地方都得到了体现，看到巴黎埃菲尔铁塔、悉尼歌剧院或者北京故宫时，相信所有人都会忍不住赞叹。然而小朋友们可能不知道，建筑学当中的数学之美可不能简单地理解为建筑外形的华丽，真正的建筑美学也并非只反映在建筑漂亮的外形上。

在建筑几何美学中，建筑的整体和部分总是会以某种几何形式反映出它们共同的特征，呈现出统一性，这种美学在医学中被称为全息胚。建筑的全息胚是建筑的完整性的一个表现，我们举个例子，一座外形优美而高大的华丽建筑，如果进入其内部却发现它极为阴暗恐怖，那么这种全息胚就得不到统一。尽管在某种程度上，建筑师会突出某个方面或者某种特征来表现其建筑的意义和设计思路，但是从整体上看，如果这个建筑显得不完整，或者局部过于突出，那么就会让人觉得突兀。所以在建筑学中很讲究和谐平衡，而实现这种和谐平衡就要通过数学的方式了。

在历史上，有很多建筑表达了全息胚的美学观。比如古罗马的斗兽场，主要的功能在于观赏演出，所以采用了圆形的几何形

状，因为在相同的周长中，圆形是最规则也是面积最大的形状。就观看的效果来说，圆形的看台也相对理想；如果涉及听觉，那么圆形墙壁的设计对声音的传递也能起到良好的作用。通过运用圆形，构建了整个斗兽场的全息胚，如圆形甬道、放射状筒形拱、圆形墙壁等，而且在斗兽场的内部装饰上，也以圆形为主。通过几何空间、形式、内容、装饰等各个方面对圆形的应用，实现了整个建筑在形式和美学上的统一。

其实这种全息胚就是对数学之美的一种把握，对于建筑而言，数学的运用不在于多少，而在于是否巧妙，真正的建筑大师可能仅通过几个简单的数学计算和几何图形，就能搭建出一座完美的建筑。但是小朋友们可千万不要认为建筑就是这么简单的事情，这些大师们之所以能够化简单为精妙，是因为他们拥有着多年积淀而成的建筑经验和深厚的数学功底。小朋友们，如果你们认真学习，或许有一天，你们也能成为著名的建筑大师哦！

建筑风格里的数学

建筑上的拓扑学

小朋友们，你们知道什么叫作拓扑学吗？这可是一门很高深的学科啊。拓扑学是数学的一个分支，主要研究数学分析里的一些几何问题。有人认为，拓扑学其实横跨了应用数学、几何学以及物理学三大学科。拓扑学也会经常被应用到生物学、仿生学、化学等很多学科当中，拓扑结构作为一种特殊的几何结构获得了各个学科的青睐。不过小朋友们知道吗？拓扑学在建筑学中的应用也是相当广泛的，特别是在那些复杂的建筑设计中，常常会用到拓扑学的知识。

拓扑学中最出名的问题是哥尼斯堡的“七桥问题”。哥尼斯堡的小岛上有7座桥，这7座桥连通了两个河岸以及两岸间的两座小岛，这是一个很奇怪的结构，如果要从一个地方到达另外一个地方，就必须经过七座桥中的一座或者几座。这个现象被发现以后，许多数学家都对其进行了研究，由此发现了各种各样的问题。

1736 年，曾经有人问大数学家欧拉：一个步行者怎样才能不重复、不遗漏地一次走完七座桥，最后回到出发点？欧拉经过一番思考之后，很快就给出了一个简单而又独特的解决办法。他将这个问题简化，把两个小岛和河的两岸分为 4 个点，7 座桥变成了 7 条连接 4 个点的线。经过研究，欧拉认为，在小岛和河之间行走的时候，不可能将每座桥都走一遍之后再回到原来的位置，欧拉还给出了能够一笔画出来的图形所要具备的条件。很多人认为这就是拓扑学的起源。

拓扑学在建筑学中应用得很多，许多著名建筑都利用了拓扑

学的结构。著名的埃菲尔铁塔就是拓扑学应用于建筑的杰出代表。著名的古根海姆博物馆也是将拓扑学应用得非常好的一座建筑，楼梯通道和建筑之间的联系，完全通过精致的拓扑构架进行连接，形成了一座看似复杂而实际上非常实用的建筑。

拓扑学在某种意义上就是一种把几何空间构建在现实生活中的应用，如果掌握好这一门学科，对学习建筑学将有重大的意义。

什么是哥特式建筑？

小朋友们，你们是否听说过哥特式建筑呢？这种在公元 1140 年左右发源于法国，并在之后的几个世纪流行于欧洲的建筑风格，成为人类建筑史上的一块瑰宝。哥特式建筑是一种奇异的建筑风格，从建筑学上讲，哥特式建筑的流行是文化变迁的一种表现。

法国是哥特式建筑的发源地，现在的法国仍然有大量的哥特式建筑，比如著名的巴黎圣母院、亚眠大教堂、兰斯主教堂和沙特尔主教堂等。英国的索尔兹伯里主教堂也是哥特式建筑中的精品之一。

哥特式建筑的设计者们可谓是匠心独具，许多设计者都对如何利用建筑几何学，进而达到建筑需要的特有效果有着独特的见解。大部分的哥特式建筑都是教堂。基督教人士认为教堂是世人最接近上帝的地方，哥

特式建筑的整体风格偏向瘦削高耸，其意义就在于希望通过这样的建筑让人类更接近上帝。高耸入云的尖顶、尖拱大门以及色彩斑斓的大玻璃窗是哥特式建筑的最大特色。

与以往的建筑相比，哥特式建筑采用了尖肋拱顶，这种拱顶能让建筑显得更具独立性，并将建筑的压力分散于4个点上，这就大大减轻了建筑的墙壁负担，拱顶的高度也不受限制。原先实心的并被屋顶覆盖的扶壁都被暴露在了外面，这种墙壁又被称为“飞扶壁”“扶拱垛”。因为对建筑的高度有更高的要求，所以扶壁在作用和外观上都被加强了，比如亚眠大教堂的扶壁便是由两道拱壁组成，这样可以支撑从推力点上方和下方共同施加的推力；沙特尔大教堂则采用了小连拱廊来增强建筑的承受能力；博韦大教堂采用了双进拱桥来增强承受力；还有一些则是在扶拱垛上增加尖塔建筑来保证平衡。

彩色大玻璃窗也是哥特式大教堂的一个特色，这不但增加了教堂的神秘感，而且各种各样的窗子也增加

了教堂内部的光线。哥特式建筑原有的台廊和楼廊很多都被取消了，增加了侧廊以及侧廊上的窗户面积，还有一些教堂干脆采用了大面积的排窗，这些窗户大多都非常高大，几乎承担了墙体的支撑功能。

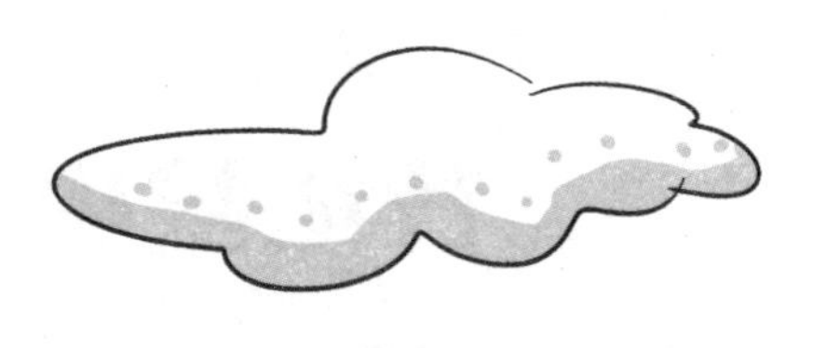

总的来说，哥特式建筑是人类建筑史上的一次重大进步，建筑工程师们不再单纯地依据主观需要去建立教堂，而是能够结合需要以及对数学、几何学的把握，对建筑进行精密的设计。有人说："哥特式建筑是人类第一次将建筑与力学、数学完美结合的产物。"这句话的确有一定的道理。

什么是巴洛克式建筑？

在西方文艺复兴晚期，一种新的建筑风格逐渐兴起，它就是著名的巴洛克式建筑。说起巴洛克式建筑，很多人都会想起华丽、高大等词汇，那么今天就让我们看一下什么叫作巴洛克式建筑吧。

巴洛克主义也被称为手法主义，主要的特点是追求怪异和与众不同，比如以变形和不协调的方式来表现空间，以非常夸张的比例来表现人物形象等。在建筑学上，巴洛克主义非常强调建筑物的华丽程度和怪异程度。比如著名的罗马耶稣会教堂，它被设计成了一个长方形，顶端突出一个圣龛的造型。在这之前的哥特式教堂，一般都会采用一个拉丁十字形作为教堂的布置方式，中

间相对笔直而狭窄。然而，罗马耶稣会教堂的设计则是中间宽阔两边扁平，装饰之奢华令人惊叹，正门上还采用了重叠的弧形和大三角形，大门两侧的柱子采用了倚柱和扁壁柱。整个设计非常华丽，让人叹为观止。

巴洛克式建筑的创新之处在于，打破了对古罗马建筑理论家马可·维特鲁威的盲目崇拜，也打破了之前的各种清规戒律的束缚，反映了自由的世俗生活中的人们的追求，富丽堂皇的教堂形象也符合了天主教会炫耀财富的要求。伴随着意大利教会财富的

日益增多，各个天主教区都开始修建巴洛克式教堂，大多是椭圆形、圆形、梅花形、圆瓣十字形等样式，建筑造型对曲面的应用也十分广泛。

由于穆斯林建筑一直以来都有着应用曲面的特色，所以当巴洛克式建筑兴起的时候，很多人认为这在一定程度上模仿了穆斯林建

筑。建筑学家维森甚至认为："穆斯林建筑就是巴洛克式建筑的精神导师，我们有理由相信，没有那些圆形拱顶、曲面的设计以及精良的运算，巴洛克式建筑一定不会有那么高的成就。"

但是随着巴洛克式建筑风格不断地传播，也有一些建筑因手法拙劣，过分追求华丽，而最终成了一堆"废品"建筑。建筑学家们普遍认为，如果不是那些拙劣的建筑破坏了巴洛克式建筑在人们心目中的形象，巴洛克式建筑一定能够走得更久更远。

建筑大师——贝聿铭

小朋友们，你们知不知道贝聿铭呢？他是一位著名的建筑大师，一生设计过无数的建筑作品，其中中国香港中银大厦和巴黎卢浮宫的玻璃金字塔设计，让他成为世界闻名的建筑大师。他是一位美籍华人建筑师，一生都致力于建筑事业。

贝聿铭先生非常注重数学知识在建筑学中的应用，其实，无论是建筑的外观还是内部结构，无非是三角形、四边形、棱柱等几何图案的组合，而这些简单的几何图形在大师的手中却变成了艺术杰作。贝聿铭设计的建筑，具有简约美、平衡美与和谐美等特征，这都得益于他毕生对数学和建筑之间的关系的努力探索。

美国国家美术馆的东馆就是由贝聿铭先生设计的，这个建筑最终成为一个伟大的建筑杰作。然而，在刚刚接手这个项目的时候，贝聿铭感到十分棘手，因为在美术馆东馆的旁边就是美术馆西馆、白宫、美国国会大厦等一系列举世闻名的建筑，如果美术馆东馆设计得不合理，就会和旁边的建筑相冲突，也会被美国人嘲笑。贝聿铭经过了无数次的实验和计算之后，最终完

美地解决了这个难题。

如今，在美国国家美术馆东馆保留的建筑图纸中，贝聿铭最早期的手稿也在其中。他在纸上画的是一个简单的梯形地形，然后在上面添加了一条对角线，将梯形变成了两个三角形，其中一个做了展览馆，另一个做了研究中心和行政管理机构用房。这样的设计草图是多么简单啊！但是对于当时的环境而言，这样最简单的设计就是最合理的设计。

美术馆是完全按照贝聿铭的设计建造的。建成以后，美术馆方面大为满意，开馆之后，许多美国人都来这里参观，对这个建筑也赞不绝口。贝聿铭也因此获得了美国建筑师协会的金质奖章。

贝聿铭的建筑理念其实是很简单的，他利用了数学中的化归法。当遇到不便解决的四边形问题的时候，就将四边形通过对角线划分成两个三角形，因为三角形是最稳定的图形，这样做就可以变困难为容易了。建筑学和数学原本就是不分家的，贝聿铭也正是凭借着在建筑学和数学这两方面的天赋以及丰富的学识，才成为了一代建筑大师。

著名的苏州博物馆也是由建筑大师贝聿铭设计的，这座博物馆的设计非常具有中式建筑的风格。贝聿铭祖籍就是苏州，他对苏州有着特别的情感，在设计这座建筑的时候，贝聿铭充分考虑了各种因素，博物馆拥有展馆、礼堂以及古物商店，还设计了一些中国园林，让整个建筑显得别致而典雅。所有到过苏州博物馆参观的人对这座建筑都赞不绝口，都认为这是一座伟大的建筑。

优美的星海音乐厅

去过广州的小朋友可能知道，在广州的二沙岛有一座巨大的音乐厅，名叫星海音乐厅，这座音乐厅造型奇特，而且非常具有现代感。远远看去，如同一只正欲展翅高飞的天鹅，在碧水蓝天之间显得别具一格。夕阳西下的时候，从艺术厅西望夕阳，就会感觉艺术厅如同一个巨大的音符，在脉脉余晖中跳动。

星海音乐厅占地1.4万平方米，建筑总面积达1.8万平方米，其中包括了设有1 518个座位的交响乐演奏大厅，设有461个座位的室内乐演奏厅，设有100个座位的视听欣赏室以及占地4 800平方米的音乐文化广场。整个音乐厅总投资2.5亿元人民币，是中国目前设备最齐全、功能最完备的音乐厅，也是一座享誉国内外的音乐厅。

这座著名建筑是由华南理工大学建筑设计研究学院设计的。设计

初期，设计者们遇到了一个很大的问题，那就是如何在现有资金的前提下设计出形式优美、实用性强的音乐厅。最终，他们从双曲抛物面的数学知识中受到了启发，将音乐厅设计成一个双曲抛物面的混凝土壳体。那么，什么是双曲抛物面呢？这种抛物面的形状就像一个马鞍，所以也被称为“马鞍面”。双曲抛物面有一个显著的特征，那就是既具备了曲面的空间形象，又具备了在空间几何上对非曲面发挥的空间。

星海音乐厅建成以后，获得了国内外很多建筑学家和音乐家的好评。建筑学家认为这座建筑实现了建筑与流线体之间的紧密结合，是一座非常具有创意的建筑；而在星海音乐厅内演奏过的音乐家们则认为，音乐厅内部结构合理，声场效果非常好，让演奏者和听众都感觉非常舒适。

音乐厅的设计，不仅仅要考虑到建筑的优美，更需要对声学有一定的考虑，毫无疑问，星海音乐厅的设计完美地满足了外形及功能上的要求。以后，小朋友们在音乐厅里听着优美音乐的时候，可以再思考一下，如果让你来设计一座音乐厅，你会怎么设计呢？

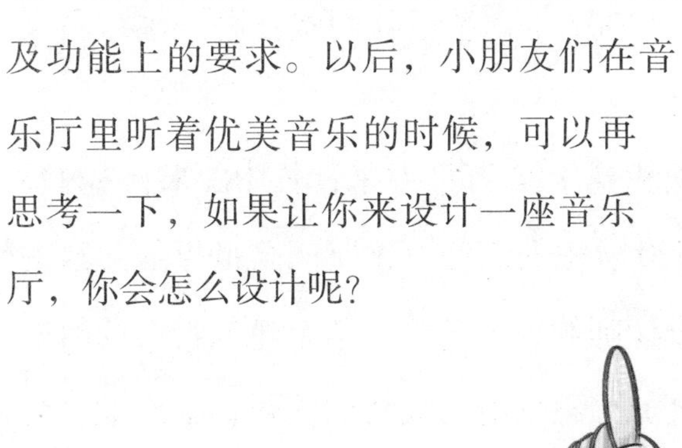

奇特的悉尼歌剧院

小朋友们，你们知道悉尼歌剧院吗？那可是世界上最具特色的建筑之一了，也是世界上最著名的表演艺术中心之一。它已经成为悉尼这座城市的一个标志了。1973 年，这座建筑正式落成。2007 年，悉尼歌剧院被联合国教科文组织评为世界文化遗产。

悉尼歌剧院占地面积达 1.84 万平方米，长 183 米，宽 118 米，高 67 米，相当于 20 层楼的高度。这座闻名世界的建筑的设计师是丹麦的著名设计师约恩·乌松。整个建筑特有的帆船造型让人过目不忘，再加上悉尼港湾大桥的映衬，整座歌剧院显得更加优美典雅。悉尼歌剧院是悉尼的艺术文化殿堂，也是悉尼这座城市的灵魂所在。

悉尼歌剧院的外形犹如即将出海远航的白色帆船，这座歌剧院的白色屋顶是由 100 多万片瑞典的陶瓦铺成的，由于经过了特殊的处理，歌剧院完全能够抵抗海风的侵袭。悉尼歌剧院包括音乐厅和歌剧厅两个部分，其中音乐厅是最大的厅堂，能够容纳 2 679 名观众，整个音乐厅的建材全部使用的是澳大利亚本地的木材，展现了澳洲特有的风格。在音乐厅的内部，放置着由澳大利亚艺术家罗纳德·夏普设计的巨大管风琴，这是世界上最大的机械木连杆风琴，仅风管就有 10 500 个。

从外观上看，悉尼歌剧院是由三片巨大的“贝壳”组成的，三片巨大的贝壳耸立在南北长 186 米、东西宽 97 米的钢筋混凝土基座上。第一组贝壳在西面，由四对贝壳成串地排列起来，其中三对向着北面，一对向着南面。从另一个侧面看，就像三个三角形矗立在悉尼港湾里。也有人将悉尼歌剧院称作“翘首遐观的恬静修女”。设计师约恩·乌松晚年时回忆说，当时设计这个造型的灵感来源于被削皮的橙子，他觉得这些橙子皮排列的样子很好看，所以就做了进一步加工，形成了悉尼歌剧院现在的样子。

悉尼人因为这个建筑而倍感自豪，他们说悉尼歌剧院是“悉尼最璀璨的瑰宝”。值得一提的是这个瑰宝并不脆弱，相反，这个瑰宝异常坚固，如果没有地震以及其他重大灾害，这个建筑还可以使用500年。而这一切正是源于设计者的精心构思和使用者的细心维护。每一个世纪都有自己的时代印记，毫无疑问，悉尼歌剧院就是20世纪的印记，见证着20世纪的辉煌与繁荣，除了感慨一句“伟大”，我们还能说什么呢？

饱含数学计算的巴黎卢浮宫

小朋友们，你们知道法国巴黎的卢浮宫吗？那可是一座艺术的宝库，里面藏着数以万计的艺术珍品，每年都会有无数的艺术爱好者和游客慕名而来。那么大家知道吗？卢浮宫玻璃金字塔的设计者正是美籍华人建筑大师贝聿铭先生。

20 世纪 80 年代，由于原先的卢浮宫面积太小，而珍藏品又太多，观光游览成了一个很大的问题，法国政府为此征求全世界的著名建筑师的意见，希望他们能够帮助改建卢浮宫。1983 年，贝聿铭提出的设计方案得到了法国政府的认同，他提出在卢浮宫的庭院内建立一座玻璃金字塔作为展馆。贝聿铭提出设计方案后遭到部分人的反对，反对者地域攻击贝聿铭，加之法国媒体的渲染加剧了法国民众的公愤，建筑师公会主席也曾向总统表达反对意见。

法国政府在舆论压力下，做了个 1 ： 1 的设计模型，大家在看过模型后发现，贝聿铭的设计非常好，与周围建筑很和谐，于是反对声渐渐消失。

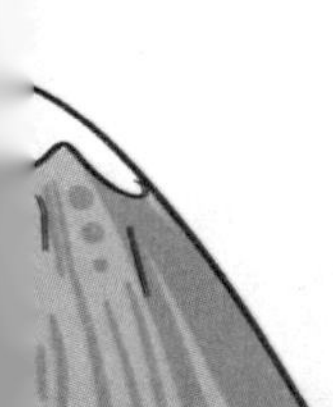

法国总统密特朗遂批准了该方案。几经波折之后，这个方案最终获得了大部分法国人的认可。

玻璃金字塔的设计看似简单，其实不然，贝聿铭为了这个设计付出了艰辛的努力。他先进行了实地考察，经过大量的计算反复论证后，才提出了这个方案。从几何外观上看，玻璃金字塔与埃及金字塔没有太大差别，都采用了棱锥的建筑造型。这个玻璃金字塔高 21.65 米，底面是边长为 30 米的正方形。这个正方形与原先的卢浮宫是平行的，玻璃金字塔的高度是原来建筑的三分之二，在它的四周环绕着三座采光用的小玻璃金字塔，能够在阳光下反射出如梦如幻的光芒，再加上旁边喷泉水池的映衬，整个环境显得温馨而优雅。

这个建筑建成之后很快就被法国民众接受了，所有人都抛开成见，对这个建筑赞不绝口。到这里参观过的人们都称赞说："这座玻璃金字塔简直就是卢浮宫庭院内珍藏的大宝石。"在贝聿铭晚年的时候，法国政府决定再次修缮卢浮宫，他们邀请了年过 90 岁的贝聿铭帮忙，贝聿铭对此也十分感慨，他说："说实话，连我也没有想到，这个金字塔会这么受欢迎。"

第四章

世界建筑之最

世界最高建筑——迪拜塔

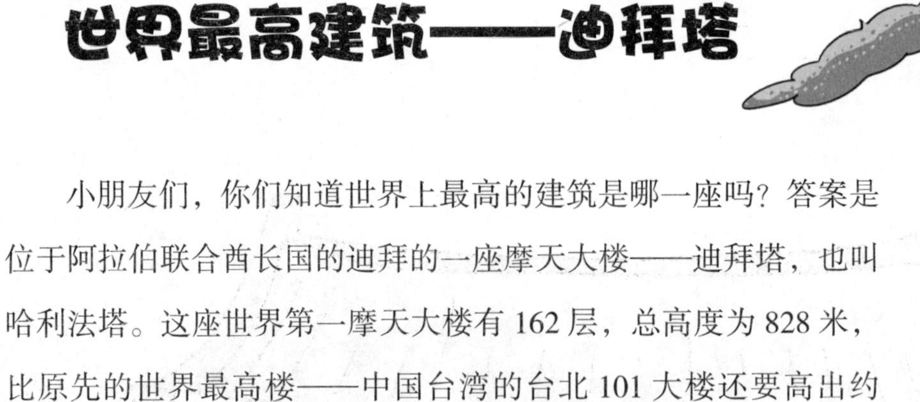

小朋友们，你们知道世界上最高的建筑是哪一座吗？答案是位于阿拉伯联合酋长国的迪拜的一座摩天大楼——迪拜塔，也叫哈利法塔。这座世界第一摩天大楼有 162 层，总高度为 828 米，比原先的世界最高楼——中国台湾的台北 101 大楼还要高出约 320 米。这座高楼是由韩国三星公司负责建造的，2004 年 9 月份开始动工，2010 年 1 月 4 日竣工启用。

这座世界最高建筑以它的高度享誉海内外的同时，也因其精美的设计得到了许多人的赞赏。迪拜塔的基座，采用的是富有伊斯兰建筑风格的几何图案——“沙漠之花”蜘蛛兰，以这种形状作为基座，保证了大楼基座的稳定性。据建筑学家们估计，这座高达 800 多米的巨大建筑可以抵抗 6.3 级的地震，足见其基座的稳固程度。

根据资料显示，这座高楼的建造一共使用了 33 万立方米混凝土、3.9 万吨钢材、14.2 万平方米的玻璃。大厦内部一共有 56 部升降机，速度最快能够达到每秒 17.4 米，双层的观光升降机每

次最多可以承载 42 人。修建这座大厦耗资达 10 亿美元，这还不包括内部的各种购物中心、湖泊等建筑设施的修筑费用。为了修建这座大厦，一共调用了大约 4 000 名工人和 100 台起重机。

整座迪拜塔的设计是伊斯兰建筑风格，楼面俯视为“Y”字形，由三个建筑部分逐渐地连贯成为一个核心体，从沙漠中以螺旋的方式逐渐升起，由此减少了大楼的剖面，使它看上去更加接近天际。到了顶部，中央的核心逐渐变成了尖塔，“Y”字形的楼面设计也让迪拜塔有了更大的视野空间。在建筑学上，螺旋状具有结构稳定、能减小风的冲击力等多种优势。迪拜塔的设计充分体现了这一点。

神奇魅力的金字塔

在建筑学上，金字塔是指锥形的建筑物；在历史学中，金字塔是古代人的一种坟墓。金字塔分布于世界各地，考古人员在中东地区和南美洲都发现了大量的金字塔，而其中最为著名的就是埃及的金字塔了。

目前，在埃及一共发现了 96 座金字塔，其中最大的是开罗

郊区吉萨的三座金字塔，其中最著名的是埃及第四王朝的第二个国王胡夫的金字塔。这座金字塔约建于公元前2670年，也被称为“大金字塔”。原高度为146.59米，底座呈正方形，底边长约230米，占地面积约5.29万平方米，整个塔身由230万块巨石砌成，平均每块石头大约重2.5吨。

紧挨着胡夫金字塔的是胡夫的儿子海夫拉国王的金字塔，修建于公元前2650年，比胡夫金字塔要矮3.2米，但是修筑得更加美观。著名的狮身人面像就在这座金字塔的前面，这座雕像高21米，长57米，除狮爪是用石块砌成的之外，整个雕像用一块岩石雕刻而成，可谓是浑然天成。据考证，这块制造狮身人面的巨石并不是当地出产的，而是从很远的地方运过来的，古人的智慧真是让人难以想象啊！

修建金字塔耗费的人力、物力和财力之巨大，都是让人难以想象的，这也是后世的研究者们最为困惑不解的地方。按照建造金字塔的耗费计算，整个埃及必须有 5 000 万人投入生产，才能保证国家的经济不被这种大型工程拖垮。然而，根据历史学家统计，当时全世界的人口还不足 2 000 万人，那么，这些埃及人是怎么建造出这么宏大的建筑的呢？另外，历史学家们推定，当时埃及地区的树木并不多，而运输石块、冶炼铁矿、打造工具都需要大量的燃料，他们是以什么材料作为燃料的呢？难道是砍伐当

地人的食物之树——棕榈树吗？

很多科学家们发现，大金字塔中也存在着一些神奇的数学现象。大金字塔的长度单位是根据地球旋转大轴线的一般长度确定的，也就是说，大金字塔的底是地球旋转大轴线一半长度的10%；在建造大金字塔时使用的热量单位是整个地球表面的平均温度；大金字塔内放置法老灵柩的密室的尺寸比例为2∶5∶8和3∶4∶5，这组数字正好是三角公式。而且大金字塔正好建立在子午线之间。类似这样的数学现象还有很多。

尽管已经存在数千年，但是金字塔依旧散发着神秘的魅力，等待着人们前去探索。

2 000 年前的神奇大剧场

小朋友们，你们听说过埃皮达鲁斯古剧场吗？这个古剧场位于希腊的埃皮达鲁斯，历史上的埃皮达鲁斯是古希腊的一座重要城邦。公元前 4 世纪中叶，这里建立了希腊医神阿斯克勒庇俄斯的神庙，从此，这里便成了医神的庇护之城。然而，在这座古城里，最出名的却是埃皮达鲁斯古剧场，这座修建于公元前 4 世纪中叶的大剧场，在经历了两千多年风雨后，依旧散发着迷人的魅力。此外，这座剧

场设计的精致程度，令现代建筑师们震惊。

时至今日，这个剧场的神秘之处依旧存在。在这个能够容纳上万人的大剧场中，人们站在圆形舞台的中央随便说一句话都能让周围所有的人听得清清楚楚，可见几千年前的希腊人对声学已经有了深刻的研究。

众所周知，在一个圆当中，圆心到圆周上的任意一点的距离都是相等的，埃皮达鲁斯古剧场的中央舞台就处在这样一个圆心的位置上，而四周的看台则组成了一个大圆，所以坐在剧场任意位置的观众，他们听到的从剧场中央传来的声音强度都是一样的。在剧场的圆周部分矗立着高大的石墙，这些石墙能够产生回声效果，让舞台中央的表演者的声音能够在整个剧场上空回荡。

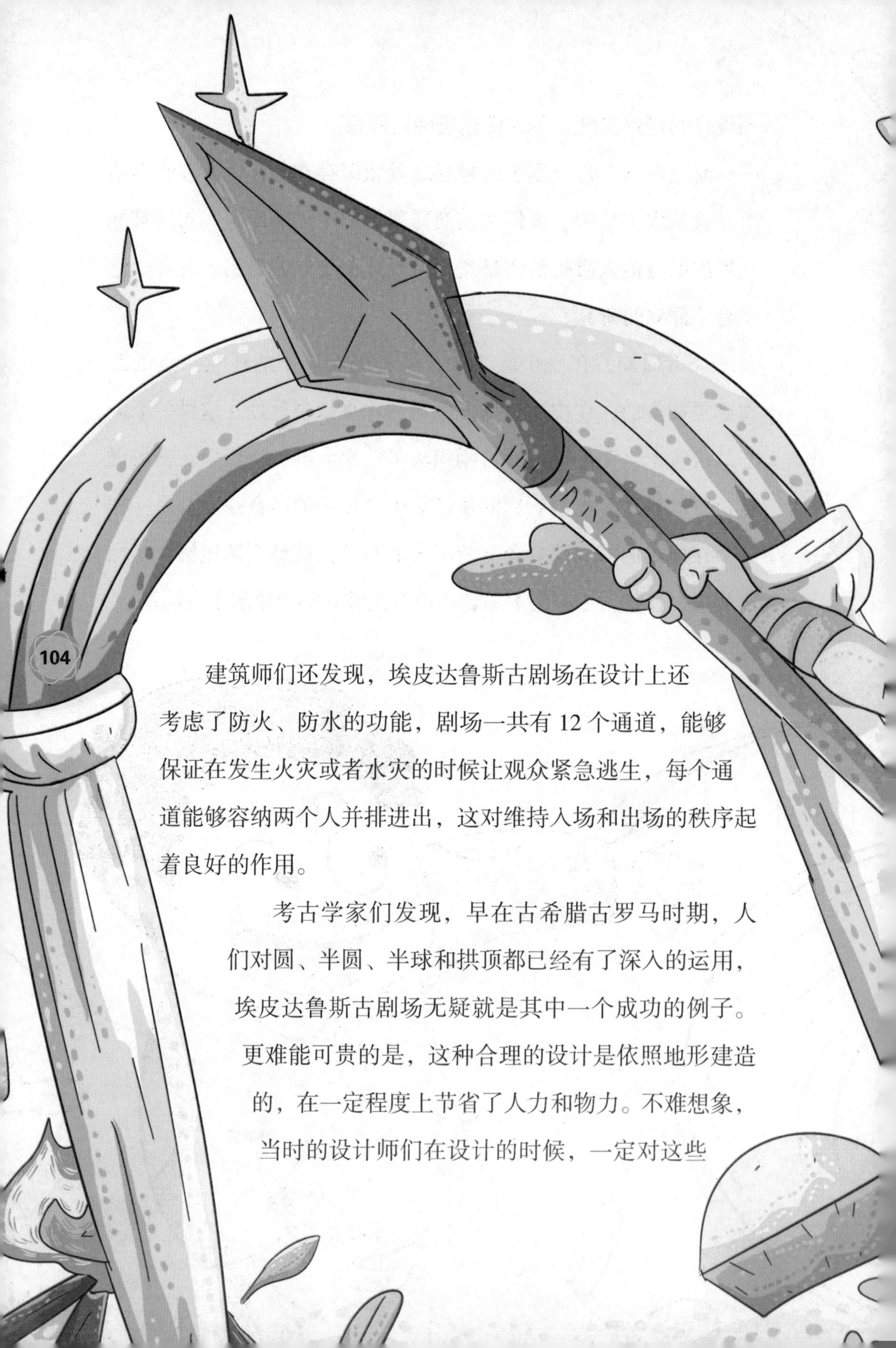

建筑师们还发现，埃皮达鲁斯古剧场在设计上还考虑了防火、防水的功能，剧场一共有 12 个通道，能够保证在发生火灾或者水灾的时候让观众紧急逃生，每个通道能够容纳两个人并排进出，这对维持入场和出场的秩序起着良好的作用。

考古学家们发现，早在古希腊古罗马时期，人们对圆、半圆、半球和拱顶都已经有了深入的运用，埃皮达鲁斯古剧场无疑就是其中一个成功的例子。更难能可贵的是，这种合理的设计是依照地形建造的，在一定程度上节省了人力和物力。不难想象，当时的设计师们在设计的时候，一定对这些问题都进行了深入的思考。

数学在建筑学中的应用是一种重大的进步，特别是在大型建筑的修筑上，这种应用显得格外重要，古今中外，所有的大型建筑都闪烁着当时设计师们智慧的光芒。对于今天的建筑设计师而言，继续探索在建筑中应用数学的奥秘，建造出更适合人们使用的建筑是他们的一个重要责任。

古建筑群之最
——故宫

小朋友们，你们知道现存的世界上最大的古建筑群在哪里吗？答案是中国北京的紫禁城，现在它还被称作故宫。它是明清两代的皇家宫殿，也是当今世界上规模最大、建筑最宏伟、保存最完整的古代建筑群。紫禁城由 70 多座宫殿以及 9 000 多个房间组成。

紫禁城南北长 961 米，东西宽 753 米，占地面积达 72 万平

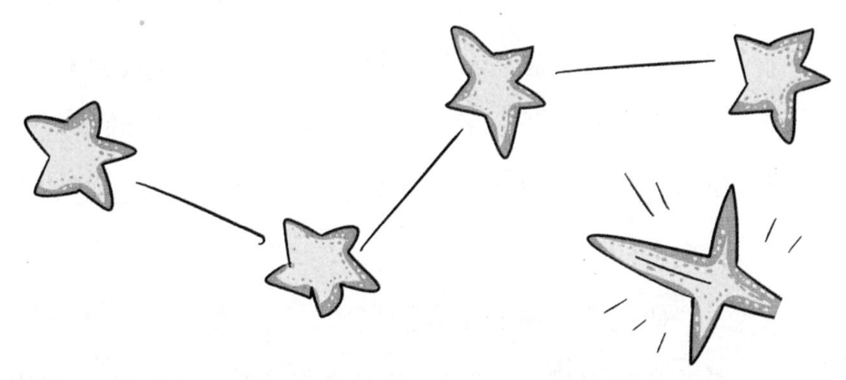

方米，四周环绕着 10 米高的城墙和 52 米宽的护城河。城墙的四面各设一座城门，现在南面的午门和北面的神武门都已经对参观者开放了。整个建筑群都是红墙黄瓦、雕梁画栋，还有亭台楼阁坐落其中，如同人间仙境一般。整个宫殿群布局森严，秩序井然，在封建帝制时期，紫禁城是皇权的象征，普通民众不能靠近一步。

在中国古代，天文学家们将天上的星座分为三垣二十八宿和其他各个星座，这其实也是一种记数方法。其中太微垣、紫微垣和天市垣为三垣，象征着至高无上的皇权，二十八宿则为众多臣僚和子民。从空中俯视紫禁城，整座城都显得工工整整，一丝不苟。

中国古代建筑具有独特的艺术特色，紫禁城的建筑格局在对称性的应用、院落组合、空间布局和建筑装修上，都体现出了浓郁的中国特色。紫禁城完美的对称性显示出了中国古代建筑注重威仪和地位的特征。在院落组合上呈现出嵌套、排列、重叠等多种组合方式并存的特点，包含着深刻的数学思想；在空间布局上，紫禁城注重对“方”的运用，通过对各种“方”的设计，体现了中国建筑的特色。而且单体建筑设计在紫禁城中是一种常见的建筑方式，也是中国单体建筑设计史上的高峰。

研究紫禁城的学者们发现，紫禁城还包含了中国古代九宫八卦的数学思想，对数字的运用也成了紫禁城的一大特色。比如乾清宫、交泰殿和坤宁宫组成的院落，南北长 218 米，东西宽 118 米，两者之比为 11 ∶ 6。而且前朝院落的长宽与后寝院落的长宽基本都是 2 ∶ 1 的比例。在紫禁城中，这种数字的运用比比皆是。

古代的紫禁城是皇权的象征，而在今天，紫禁城已经成为全世界旅游爱好者心中的旅游胜地。

埃菲尔铁塔的浪漫

相信很多小朋友都曾听说过埃菲尔铁塔，它位于巴黎市中心，是法国的标志性建筑物，整座铁塔高300米，天线高度为24米，总高度为324米，它的设计者就是著名的桥梁工程师古斯塔夫·埃菲尔。这座高塔建成于1889年，历经100多年的风雨洗礼，依旧巍然屹立在巴黎市中心。

埃菲尔铁塔是从1887年开始修建的，这座高塔共设有三个瞭望台，分别是在57.6米、115.7米和276.1米高度处。塔的下面两层瞭望台都设有餐厅，是休闲娱乐的好地方；最高的瞭望台则设置了观景台，从这里可以将整个巴黎尽收眼底。塔座到塔顶一共有1 711级阶梯，铁塔内部还有4部电梯，每次能够将100人送到塔上去。

埃菲尔铁塔建造时正值西方工业革命时期，因此，埃菲尔铁塔的全金属建筑模式，被人们认为是西方工业革命时期最辉煌的建筑结晶。整座高塔用了7 300吨钢铁，1.2万

个金属部件以及 259 万只铆钉。铁塔整体都是用钢铁制造成的。

铁塔采用的是交错式结构，它由四个与地面成 54 度角的巨大的带有混凝土台基的铁柱支撑着。整个铁塔由 250 个工人花了 17 个月才建造完成，造价为 740 万金法郎。埃菲尔铁塔每隔 7 年就要重新粉刷一次油漆，每次粉刷要使用 52 吨油漆。

作为一座建筑，埃菲尔铁塔无疑是非常成功的。不过在

修筑过程中，这座高塔完全是以组装的方式完成的。首先由设计师给出各种图纸，并对各个部件进行标号，然后由工人按号组装。所以通过这一点，也有人认为，与其说这是一座建筑，不如说这是一件巨大的组装产品。通过研究埃菲尔铁塔的设计、分解、零件生产和组装的过程，建筑学家们也总结出了一套科学而经济的办法。埃菲尔铁塔蕴含着法国人特有的浪漫和艺术品位，同时也充满了他们敢于创新的勇气和宽容的幽默感。

不过整个铁塔的设计也是非常复杂的。当时，仅仅设计图纸

就有 5 000 多张。埃菲尔铁塔在建成后不久就开始对外开放了，一百多年来，已经接待了全世界游客几亿人次。人们常常将埃菲尔铁塔、东京铁塔和帝国大厦并称为“西方工业时代三大建筑”，而埃菲尔铁塔则被赋予了更多的文化意义。对于今天的建筑师来讲，再造一座埃菲尔铁塔也并非难事，但是回想一下，在 100 多年前，善于创造、敢于创新的法国人就已经造出了如此辉煌的建筑，的确令人钦佩。

运动的摇篮——“鸟巢”

小朋友们可能都知道，2008 年 8 月 8 日到 24 日期间，在中国北京举行了第二十九届奥林匹克运动会，为了这次奥运会的成功举办，中国兴建了大型综合性体育场馆——鸟巢。从此，中国又多了一个标志性建筑。现在我们来一起认识一下“鸟巢”吧。

“鸟巢”是 2008 年北京奥运会的主体育场，位于北京奥林匹克公园中心区南部，是由 2001 年获得普利

兹克奖的著名建筑师雅克·赫尔佐格、皮埃尔·德梅隆与中国建筑师李兴刚等人共同设计的。其形态如同一个孕育生命的“巢”，更像一个摇篮，这种设计表达了对人类美好未来的追求。设计者们对这个建筑没有做过多的装饰处理，而是坦率地将整个结构暴露在外面，形成了很自然的建筑外观。

整个场馆占地面积为 21 万平方米，建筑面积达 25.8 万平方米，场内设有观众座席 9.1 万个，其中临时座席大约有 1.1 万个。整个“鸟巢”从外观结构上看，主要是一个巨大的门式钢架结构，

总共由 24 根桁架柱支撑着场馆的重量。体育馆的顶部呈鞍形，长轴径为 332.3 米，短轴径为 296.4 米，最高点高度为 68.5 米，最低点高度为 42.8 米。

屋盖的设计上，采用了桁架柱作为主要支撑，这些柱子粗细不等，最大横截面达 500 平方米，高度为 67 米。单根柱子重量约达 500 吨。主桁架构造精密，高度为 12 米，双榀贯通最大跨度是 258.365 米，不贯通桁架最大跨度 102.391 米。桁架柱与主桁架的构建精密，体积庞大，单体重量都很重。

这个工程大部分使用的是箱型截面杆件，所以不管是主结构之间，还是主次结构之间，都存在多根杆件交汇的现象，结构复杂多变，规律性比较少，所以建筑的节点类型非常多样，对制作和安装的精度要求都非常高，而建筑师们则利用精密的计算和反复的试验解决了这些难题。同时，利用钢架作为建筑结构的“鸟巢”也成了建筑史上的一个经典案例。

2008年北京奥运会上，作为东道主的中国取得了优异的成绩，获得了51枚金牌（后来取消了3枚）。中国对体育事业的重视赢得了世界各国的赞扬，而一枚枚金牌也说明了中国体育事业的长足进步。在2008年北京奥运会结束以后，“鸟巢”作为国家体育场依旧对外开放，成为北京市民健身和运动的绝佳场所，真可谓是物尽其用。

金字塔的测算
数据与数学

建筑学的发展是伴随着一个时代人们的思想水平、生产力水平和风俗习惯发展起来的。许多古代建筑都表现出了那个时代的特色，许多伟大的古代建筑显现出来的无与伦比的建筑美，都让后人为之痴迷。而对于建筑学家和数学家而言，他们更感兴趣的是建筑的结构以及那些建筑中包

含着的令人啧啧称奇的数学原理。其中，埃及的金字塔就是最著名、最神奇的建筑之一。

曾经有人宣称：金字塔中暗藏着人类所有的历史以及未来。之所以有这句话，就是因为金字塔中隐藏着各种数学原理。通过

各种计算和研究，数学家和数学爱好者们从金字塔中破解的秘密也越来越多，金字塔的秘密吸引了世界各地的数学家和数学爱好者们前来参观考察。

在2 600年前，有一位叫泰勒斯的著名数学家，他热爱旅游，更热爱数学。有一次，他在埃及金字塔前的广场上思考怎么样计算金字塔的高度时，突然注意到广场上人们的影子，忽然灵机一动，他拿起一根棍子竖在金字塔边上，根据木棍影子的长度变化来测量金字塔的高度。当木棍影子的长度和棍子高度一致时，也就是金字塔的高度和塔影长度正好相等的时候，他成功地测算出

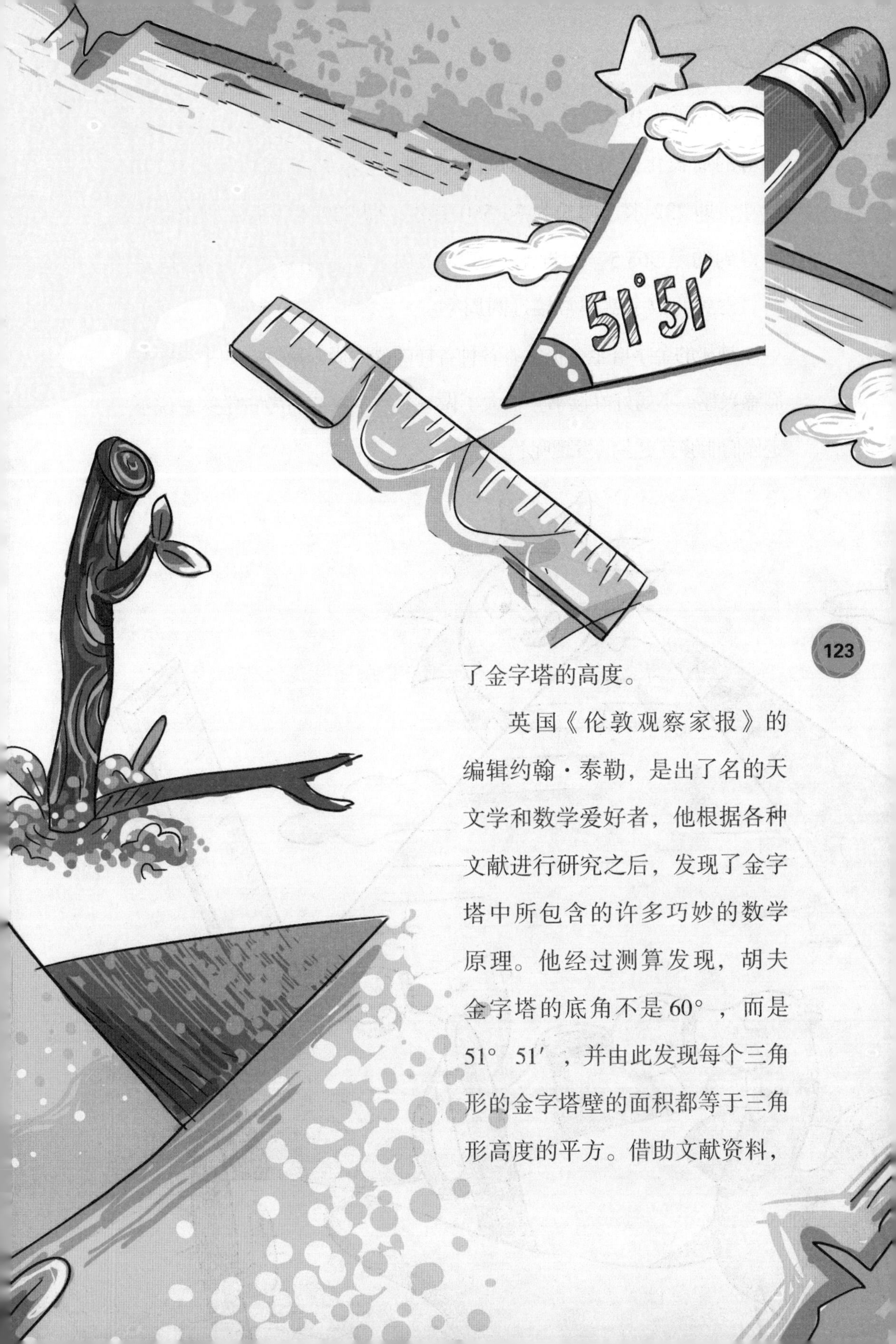

了金字塔的高度。

英国《伦敦观察家报》的编辑约翰·泰勒，是出了名的天文学和数学爱好者，他根据各种文献进行研究之后，发现了金字塔中所包含的许多巧妙的数学原理。他经过测算发现，胡夫金字塔的底角不是60°，而是51°51′，并由此发现每个三角形的金字塔壁的面积都等于三角形高度的平方。借助文献资料，

他还研究了古代埃及人在建造金字塔时使用的长度单位，他将金字塔的周长化为英寸单位的时候发现，金字塔的底边长为 9 140 英寸，即 232 米，周长为 36 560 英寸，即 929 米，而除以 100 之后得到的是 365.5，接近于一年的天数。如果用这个周长除以塔高，得到的数字就非常接近圆周率。

神秘的金字塔至今仍然有各种各样的谜团尚未解开，如果小朋友们感兴趣，不妨好好读书，长大了做一名数学家或者考古学家，说不定你们能够有更多的发现呢！